NF文庫
ノンフィクション

海軍陸攻・陸爆・陸偵戦記

小林 昇

潮書房光人新社

海軍陸攻・陸爆・陸偵戦記——目次

海軍陸攻・陸爆・陸偵戦記

【凡例】

（一）人名の読み方については判っている方のみとし、一般的な読み方の方は除いた。
（二）階級・官職については特に断りのない限り、書かれている時点のものとした。
（三）時間は断りのない限り、日本時間で表示した。
（四）本文ではすべて敬称を略した。

もうひとつのラバウル航空隊

三澤空――七〇五空戦記

1942.2－1943.9

シンプソン湾上空を飛行する三澤空の一式陸攻。

戦時歌謡にも歌われた「ラバウル航空隊」。実際にはそのような名称を冠した部隊は存在しなかった。昭和十七年一月から十九年二月まで、ニューブリテン島ラバウルを拠点に戦った様々な航空隊を総称してそう呼ぶのである。一般的に「ラバウル航空隊」というと、多くの人は坂井三郎、西沢広義、笹井醇一といった綺羅星のような撃墜王と、濛々と煙を上げる花吹山の前に広がるラバウル東飛行場に陣を敷いた零戦隊のことを思い浮かべるに違いない。

しかしもうひとつの「ラバウル航空隊」があった。西飛行場または山の上飛行場と呼ばれたブナカナウに蟠踞《ばんきょ》した海軍陸上攻撃機部隊である。陸上攻撃機は海軍の攻撃主力として、太平洋戦争中、爆撃、雷撃、哨戒、輸送とまさしく馬車馬のように使役された。昭和十七年一月二十四日、最初の一式陸攻部隊、第四航空隊（以下四空）がラバウルに進出したが、その後の激しい戦闘に三澤空、千歳空、木更津空、美幌空、高雄空、鹿屋空と、ほぼすべての陸攻部隊がこの戦線に投入され、甚大な被害を被った。十九年二月に最後に七五一空陸攻隊がラバウルから引き上げるまで、海軍陸攻隊は四〇〇機以上を失い、三〇〇〇名近い搭乗員が戦死、または負傷した。ソロモン諸島を巡る戦いが「陸攻の墓場」と称される所以である。

戦闘機隊が使用した島の東端、シンプソン湾に面した東飛行場と呼ばれたラクナイ飛行場に対し、約二〇キロ離れた標高三五〇メートルほどの小高い丘陵にあった飛行場は西飛行場と呼ばれ、位置する集落の名前からブナカナウと称された。東飛行場は活火山ダブルブル（日本名花吹山）に近く、火山灰土の地盤がやや軟弱であったため、大型機には向かないということで、主に戦闘機が使用し、陸上攻撃機は西飛行場を使用することになったのだった。

花吹山を背にラバウル東飛行場に展開した零戦隊

ブナカナウはオーストラリア空軍が造成した飛行場で、昭和十七年一月にラバウルが日本軍によって占領されると、一五〇〇メートル×八〇メートルに拡張され、掩体壕や兵舎の建設も急ピッチで行なわれた。東飛行場ほどではないにせよ、西飛行場も土壌は軽砂で、

西飛行場とも呼ばれたブナカナウ飛行場。三澤空の平井一飛曹が昭和17年9月撮影したもの。

陸攻が離陸するたびに濛々と砂塵が舞い、それが収まって次の機が発進するのに五分近くも時間が必要だった。そのため当面の応急処置として地面に重油が撒かれたという。

最初にラバウルに進出した第二十五航空戦隊（以下二十五航戦）麾下の四空は当初、ニューギニアのポートモレスビー攻略に当たっていたが、同年八月七日、連合軍がガダルカナル島に上陸し、ソロモン諸島を巡る攻防戦の火蓋が切られると、たちまち戦力を喪失してしまう。続いてラバウルに配備されたのが三澤海軍航空隊（三澤空）だった。

三澤空（十七年十一月に第七〇五海軍航空隊と改称）はラバウルで戦った陸攻隊のうち、ソロモン攻防戦が始まった直後にブナカナウに進出し、多くの象徴的な作戦に参加、さらに山本五十六連合艦隊司令長官が戦死した際の搭乗機も供出した。十八年九月に第一線から後退するまで、もっともよく敢闘した「ラバウル航空隊」のひとつだった。ブナカナウを拠点としたもうひとつの「ラバウル航空隊」、三澤空——七〇五空の戦いを隊員たちの証言によって再現する。

陸攻隊のニューフェイス

三澤海軍航空隊は、太平洋戦争開戦後の昭和十七年二月十日、横須賀鎮守府所管の常設航空隊として、青森県上北郡に開隊した新しい陸攻航空隊であった。司令は菅原正雄中佐（兵四十六期）、副長・岡田四郎中佐（兵四十九期）、飛行長・遠藤谷司少佐（兵五十五期）、飛行隊長・西岡一夫少佐（兵五十八期）という陣容。定数は陸攻三六機（うち補用九機）。分隊長は中村友男大尉（一召予）、それ以外の分隊長はまだ二月の時点では着任していなかった。新しい部隊の編成方法として、既存の部隊から中隊ごと抽出するという手段が採られることが多く、三澤空もその例に漏れず、部隊員のほぼ半分近くは鹿屋空からの転勤者で占められることになっていた。従って、新しい部隊とはいえ、隊員の多くは開戦時のマレー沖海戦や、比島攻略作戦を体験しており、全体として士気も練度も高かった。

部隊は開隊時には大湊警備府の所属だったが、四月一日付で新しく編成された第二十六航空戦隊（以下二十六航戦）に編入された。二十六航戦は本州東部に展開し、本土東方方面の索敵、哨戒を当面行うこととなった。二十六航戦には、同じく陸攻部隊の木更津航空隊と戦闘機隊である第六航空隊が配属されていた。

一・天野環二等飛行兵——丙飛予科練生の見た地獄

「ブイ・ツー・ブイ」の転勤

天野環《あまのたまき》二等飛行兵が三澤空に配属になったのは、部隊が二十六航戦に配置換えとなり、訓練が開始された十七年四月一日のこと。それからガダルカナルの攻防戦が開始された直後の八月八日に米軍捕虜になるまで、最初期の三澤空を見た一人だ。

天野は大正十一年六月、愛媛県温泉郡浮沢村に生まれた。八人兄弟の四男。尋常高等小学校を卒業した昭和十三年四月、呉海軍工廠に少年工として入廠。実験部で当時起工中の戦艦大和の甲板の質を検査する仕事に当たったという。二年後の十五年六月、十八歳の時に航空兵を志願して呉海兵団に入った。海軍四等航空兵、兵籍番号は呉志空三九一七だった。大分空で三等航空兵をしていた十六年、飛行予科練習生の試験を受け合格、同年六月三十日、第五期丙種飛行予科練習生として土浦航空隊の門をくぐった。

この間、海軍では十六年六月一日付けで兵科呼称の変更があり、それまでの航空兵が飛行兵と改められ、天野の兵籍番号も呉志飛三一二〇に変わった。

いわゆる丙飛の教育期間は甲飛や、乙飛に較べて極端に短い。天野も三カ月の地上座学を経て、九月には二等飛行兵に進級した。十月に岩国空で第二十一期飛行練習生を拝命、偵察専門攻撃特修科、「偵察攻特」を命じられる。ここで学んだのは射撃術と航法だった。そして開戦間もない十二月二十九日、飛練を卒業、同日付で木更津空に転勤となった。木更津空に着任したのは昭和十七年の元旦、すぐに第十八期大型機訓練員・攻撃員を命じられた。この時期、海軍は大型機の搭乗員の急速養成を行なっていた。大型機講習は三カ月で終了、十七年三月末日付で三澤空に配属となった。ほぼ九カ月で飛練の教程を終え、実施部隊に配属というなんとも慌ただしいスケジュールだ。

昭和16年9月、土浦航空隊で天野環二等飛行兵。

天野二飛は講習を終え、そのまま木更津基地に間借りしていた三澤空に転勤した。海軍では同じ港湾内や基地内での異動を「ブイ・ツー・ブイ」と言ったが、天野の場合もそれにあたる。

「結局、三澤航空隊と言っても、私が実際に原隊の青森県三沢に行ったのは一度しかありませんでした。十七年の四月の終わりころでしょうか。滑走路一本と兵舎だけあって、まだ雪が残っていました。監獄の囚人を使って、滑走路を作らせたと聞かされました」。

待望の実戦部隊

天野は三澤空に移って初めて一式陸攻に乗った。「一式陸攻は、九六陸攻と違って一番前に偵察席がありました。胴体も太かったし、偵察席も広くて作業がしやすかった」。訓練で乗った九六陸攻に較べ、一式陸攻の居住性の良さに天野はすぐに気に入った。三澤空で集中してやらされたのは、モールス信号の送受信と射撃訓練。木更津では地上に機銃を並べ、五〇〇メートルほど離れた海岸線の弾庫附近に置いた目標に向けて射撃訓練を行なった。それ以外にも写真撮影や、艦形識別、信号発信、簡単な整備法など、履修する科目は多岐にわたった。

陸攻は一機に操縦員、偵察員、電信員、搭乗整備員がそれぞれ正副、さらに銃座に就く攻撃員まで含めると、七人から一〇人が必要とされる。その組合せを海軍ではペアと呼んだが、その中でも偵察員、電信員は操縦員と並んで不可欠の存在だ。洋上航法が必須の海軍航空では、偵察員、電信員の占める役割は極めて大きい。丙飛出身者の急速養成が計られた所以だろう。

天野が転勤してきた四月一日、三澤空は二十六航戦への所属変更と同時に、幹部の人事異動が行なわれ、中村友男大尉が飛行隊長に昇格すると同時に、着任の遅れていた森田林次《もりたりんじ》大尉（兵六十三期）、池田拡己《いけだひろき》大尉（兵六十五期）、畦元一郎《あぜもといちろう》大尉（兵六十六期）らが鹿屋空から分隊長として転勤してきた。その後、三澤空は木更津から本土南東方面への哨戒に明け暮れた。

天野二飛は、練習航空隊から配属されたばかりの一番の若（じゃく）。訓練はもちろんだが、食卓番や洗濯、お茶汲みなどの雑用にも追い回された。

三澤空の初陣、ドゥーリットル空襲部隊を追う

天野二飛もペアが決まり、四月五日初めての索敵哨戒に出撃した。二飛の乗る一式陸攻の機長は今村進一飛曹。今村一飛曹は昭和九年志願、偵察練習生三十九期出身の古株で、主偵察員の配置だった。操縦員はメインが昭和十一志の酒井新一郎二飛曹。酒井も操縦練習生三十九期出身のベテランで、高知県出身。天野は同じ四国の出身ということで、親近感を覚えた。この時、搭乗した飛行機の機番は「Ｈ－３２１」、

一式陸攻の操縦席を後方から見る。右が正操縦員、左が副操縦員になる。

「Ｈ」は三澤空を表す部隊符号だ。二飛は最後までこの「Ｈ－３２１」に乗ることになる。

初出動に際し、天野二飛が命じられたのはサブの電信員。主電は芝先勲《しばざきいさお》一飛。サブの電信は小電報とも呼ばれ、長波の作戦電波ではなく、短波を使って機体間の連絡や、基地からの電信を拾う役割だった。

索敵は扇状《せんじょう》哨戒と呼ばれるもので、四機ないし五機がそれぞれ担当する地域を振り分けられる。午前六時過ぎ木更津を発進、本土東方海面に片道約三時間、六〇〇カイリ進出し、五〇カイリ側程を飛び、折り返して帰って来る。この程度の哨戒距離であれば、何もなければ約七時間程度の飛行である。この日も何ら異常を見つけることはなかったが、緊張した状態での七時間余の飛行は、ひどく疲れるものであった。
哨戒飛行の合間には、窓に暗幕を張り計器だけ見て飛行する推測航法の訓練や、土佐沖での艦隊擬襲訓練なども行なわれた。居並ぶ連合艦隊の艨艟《もうどう》の中に戦艦大和を見つけた時の天野二飛の感激はひとしおであった。

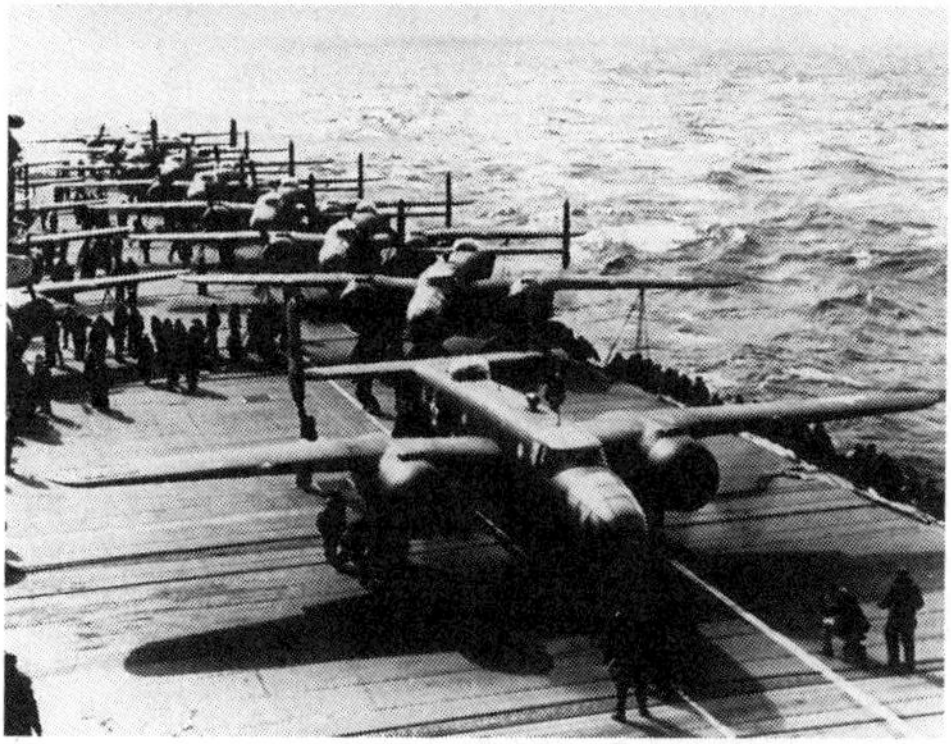
空母ホーネット甲板上で出撃準備をするB－25。指揮官名からドゥーリットル隊と呼ばれた。

さらに十一日、十三日と索敵哨戒に出撃した天野二飛にとっても、三澤空にとっても初陣の日が訪れる。米機動部隊に対する索敵攻撃だ。四月十八日早朝、日本近海七〇〇カイリまで迫った米空母ホーネットから発進した一六機のB－25は、数機ずつの小編隊に別れ、九十九里や房総方面から日本本土に進入した。予め決められていた東京、川崎、横須賀、名古屋、四日市、神戸の目標に投弾したB－25は、中国大陸方面に遁走した。世にいうドゥーリットル隊による日本初空襲である。

この日午前六時半、太平洋上で監視任務についていた第二十三日東丸は「敵空母発見」を打電して消息を絶った。続いて他の監視艇からも空母発見の打電が相次ぎ、横須賀鎮守府は管内に空襲警報を発令した。

相手は空母の艦載機と判断していた日本側は、敵が航空攻撃を行なえるのはまだ半日以上後と判断していた。ところがホーネットが搭載していたのは艦載機ではなく、長大な航続力を持った双発爆撃機B－25だったのである。艦隊を指揮していたハルゼー提督は、本土五〇〇カイリまで接近し、夜間攻撃を実施するという予定を破棄し、ドゥーリットルに直ちに発進させ、自らは反転して急速に日本列島から離れていった。

一方、空襲警報と度重なる「敵発見」の報に、二十六航戦はまず三澤空の三機の陸攻を午前十一時半過ぎ、索敵攻撃に発進させ、続いて隷下の木更津空、三澤空本隊に対しても全力で攻撃即時待機を命じた。攻撃部隊は全機、九一式航空魚雷を搭載した雷装である。

午後〇時半、木更津空、四空の二二機が発進。続いて三澤空も池田拡己大尉の率いる第二中隊の八機に出撃が命じられた。天野二飛は指揮小隊二番機の副偵察員として出撃する。菅原司令が「敵機動部隊を必ずや、やっつけろ」と訓示、午後〇時四十五分、木更津の滑走路を蹴った。「敵機動部隊が来ていると言われましたから、それは緊張しました」。今日は索敵ではない、攻撃なのだと思うと天野の緊張はいやが上にも高まった。

しかし木更津から東方に四五〇カイリ近く進出した午後三時半頃、天候は徐々に悪化、結局約七〇〇カイリまで進出しても敵を発見できず攻撃を断念、午後四時半各部隊は反転、バラバラに帰投コースに入った。

本土に近づく頃、日はとっぷり暮れた。この日は暗夜で月もない。午後十時過ぎ、木更津に着陸しようとした木更津空の一機が失敗、滑走路上に脚を折って擱座した。基地からは魚雷を投棄せず、そのまま着陸せよとの命が出ていたため、火花が魚雷に引火、たちまち火の海となった。遅れて到着した三澤空の陸攻は、赤々と燃える木更津基地によって、自らの機位を確認、基地からの「霞ヶ浦に着陸せよ」の電報を受けて、着陸飛行場を変更した。霞ケ浦には午後十時五十五分に着陸。陸攻三〇機が出撃しながら、何ら戦果を上げることはできなかった。致し方ないこととはいえ、天野二飛にとって、苦い初陣であった。

挫折したミッドウェイ進出

その後も五月五日、七日、二十七日と天野二飛は木更津からの索敵哨戒に従事した

日本軍が占領して間もないウェーク島の飛行場。日本軍をさんざん悩ませたグラマンF4Fワイルドキャットが無残に転がる。

が、いずれも「敵ヲ見ズ」の結果に終わった。

五月末、天野二飛ら第二中隊の搭乗員たちは、「南方進出のため、特別に三日間の休暇を与える」と言われた。ところが実家が松山の天野は、三日では行って帰ってくるだけで精いっぱいだ。「結局、横浜に嫁いだ姉の家に行って、家族の雰囲気を味わってきました」。そしてこれが戦時中、肉親の顔を見た最後となった。

六月一日、第二中隊九機は飛行隊長の中村友男大尉が直卒し、木更津を離陸した。向かったのは大鳥島だった。大鳥島は元々米領のウェーク島のことで、開戦直後千歳空が苦戦の末に占領、その後日本軍が大鳥島と命名したのだった。テニアン、ルオットを経由した九機が大鳥島に着いたのは、木更津を出発して四日目のことだった。

大鳥島は日本軍が攻略した際に破壊された兵舎や施設の残骸が散乱し、荒涼とした雰囲気だった。米軍の捕虜が隔離されており、「ギブ・ミー・シガレット」とか、「ユー、トウキョー」などと話かけてきたが、半年後、自分がその立場になるとは天野は想像もしなかった。

日本軍艦載機の空襲により黒煙を上げるミッドウェイ島の施設。

ここで天野二飛ら下士官兵は、ミッドウェイ島に進出することを告げられた。折から予定されていたMI作戦で、ミッドウェイ島攻略が成功し、飛行場の使用が可能となった時点で、三澤空は六空の零戦隊とともに同島に進出するというのだ。

翌五日、この日は日米の機動部隊が激突した日だが、天野二飛は午前八時雷装の上、北東方面への索敵攻撃を命じられる。針路約七〇度、五〇〇カイリ進出しても敵を発見することはできず、夕刻ウェーク島に帰還した。

MI作戦は巷間知られているように、日本軍が「赤城」「加賀」「蒼龍」「飛龍」の空母四隻

テニアン島には立派なコンクリート製の司令部があった。

を沈められ、敗北に終わる。もしこの作戦に勝利していたら、天野二飛はミッドウェイ島への一番乗りを果たしていたことであろう。結局、進出は幻と終わった。

しかしミッドウェイ作戦が敗北に終わっても、三澤空陸攻隊はすぐに内地に戻ったわけではなかった。米機動部隊が帰りがけの駄賃にマーシャル諸島を襲う可能性もあり、大鳥島からの哨戒索敵が行なわれた。

サイパン島への進出

八日、十三日と大掛かりな索敵が行なわれたが、十三日に一機が米軍のB－17と遭遇しただけで、敵艦を発見することはできなかった。この後、天野二飛が所属する二中隊は木更津に戻ることなく、六月十六日大鳥島からテニアン島に移動、しばらくはテニアンのハゴイ飛行場で訓練に励むことになる。

サイパンを目指して出発する三澤空本隊を菅原司令が木更津基地で見送る。

七月十日になると三澤空本隊も、第二中隊の後を追うようにサイパン島に進出することになった。サイパン島はテニアン島と指呼の距離にある。サイパン、テニアンを含むマリアナ諸島は元々ドイツ領だったが、第一次世界大戦後、国際連盟によって日本の委任統治が認められた。日本人が多く住み、また日本の飲食店なども多数ある、このマリアナ諸島で三澤空は訓練に励んだ。

夜間飛行訓練、高高度飛行、編隊訓練、航法通信訓練、雷爆訓練など、訓練は多岐にわたった。先にテニアンに到着していた第二分隊は、滑走路がサイパン島のアスリートよりに長いこともあって、テニアンのハゴイ飛行場を使用する場合が多かったと天野は記憶する。

天野二飛は三澤空に来てまだ半年、相変わらず一番の若で、飛行機の中でも、地上でも食卓番や雑用に追い回されていたが、ペアの気心も知れ、二分隊員たちの顔も癖もわかるようになっていた。サイパン島の西海岸にはガラパン町という島内最大の町があり、週に一回は外出が許された。天野二飛にとっては束の間の息抜きであった。三澤空がサイパン、テニアンに進出を命じられたのには理由があった。三澤空は幻に終わったミッドウェイ島進出に替わって、ガダルカナル島への進出が予定されていたからである。

急浮上した日米の焦点・ガダルカナル

ガダルカナル島を含むソロモン諸島は、海軍で区分するところの「南東方面」にあたり、この地区は本来、二十五航戦が担当する地域であった。ところが二十五航戦配下の唯一の陸攻部隊である四空がニューギニア攻撃に忙殺されており、代りに三澤空を含む二十六航戦・第六空襲部隊がガダルカナルに進出することになったのだった。

ここで天野の回想から少し離れ、全般的な戦局の流れを見ておこう。軍令部、連合艦隊はミッドウェイ海戦で一敗地に塗れたものの、第二段作戦の米豪分断を諦めていなかった。そのためにはニューギニアのポートモレスビーを攻略することと、米海軍の補給拠点であるフィジー、サモアに睨みを利かせる攻撃拠点を確保することが急務とされていた。その攻撃拠点として選ばれたのがガダルカナルだったのである。

ガダルカナルが陸上飛行場を建設するのに好適と判断されたのは、珊瑚海海戦の一環として行なわれたツラギ攻略の結果だった。ガダルカナル島対岸にある小島・ツラギは泊地としても水上機基地としても適していると判断され、占領された。そして占領直後、横浜航空隊（浜空）の大艇が進出したのだが、その浜空司令から、ガダルカナル東部に飛行場に適した平地があると報告が為されたのだった。

七月一日、第十一設営隊（十一設）の先遣隊一五〇名がガダルカナル島に上陸、荷役用の波止場を急造した。続いて六日には十一設と十三設の二五〇〇名が飛行場建設のために上陸した。

ところが日本側の飛行場建設はすぐに米軍の知るところとなる。すでに七月四日にはカタリナ飛行艇がガダルカナル島で作業中の日本軍を発見、その後作業の進捗を見守るかのように、ほぼ毎日偵察機が訪れた。

米軍はミッドウェイ海戦の勝利後、ソロモン、ニューギニアの日本軍を駆逐するために大掛かりな作戦を計画していた。「ウォッチタワー作戦」と名付けられたその作戦は、七月二日、陸軍、海軍、海兵隊の幕僚が集まる「統合幕僚会議」で決定された。

その内容はラバウルのあるニューブリテン島、ニューアイルランド島、ニューギニアの奪取を目的としたもので、ニミッツ大将が指導する太平洋方面軍がフィジー、サモアから、マッカーサー大将率いる南西方面太平洋軍が豪州、ポートモレスビーからそれぞれ日本軍を追い詰め、挟撃しようというものだった。

その手始めとしてツラギ奪回とガダルカナル島上陸が企てられた。この作戦の総指揮に任命されたのがロバート・ゴムレー海軍中将、上陸部隊はバンデクリフト准将の率いる海兵隊第一師団の一万八〇〇〇名。上陸部隊を支援する水陸両用部隊はケリー・ターナー少将が指揮し、ワスプ、サラトガ、エンタープライズの三空母を基幹とする第61任務部隊をフランク・フレッチャー少将が率いる。参加艦艇は空母三、戦艦一、巡洋艦一〇、輸送船二三というそれまでにない大規模なものであった。

悲劇の幕開け

ガダルカナルの飛行場が概成した八月七日早朝、ツラギ通信隊から緊急電が発信された。「敵海上部隊二〇隻RXBに来襲。敵空爆中、上陸準備中」という午前四時二十五分の第一報に続き、「空襲により大艇全機火災」「敵機動部隊見ゆ」と悲痛な連絡が続々と届く。五時四十九分、「ツラギ　敵艦砲射撃、揚陸開始」の電文を受信した

第四航空隊所属の一式陸攻。尾翼のＦが四空を表す。

直後、十一航艦司令部は「第六空襲部隊指揮官は三澤航空隊をして陸攻九機を速やかにラバウルに派遣、第五空襲部隊指揮官の指揮を承けさせよ」と発信した。

そしてその一〇分後、ツラギ通信隊は「敵兵力大、最後の一兵まで守る。武運長久を祈る」と発信して爾後、通信は途絶した。

この事態にラバウルにいた二十五航戦の司令官は、当日予定されていた四空の一式陸攻と台南空の零戦によるニューギニア南東部のラビ飛行場攻撃を中止、急遽ガダルカナルに向かわせることにした。準備されたのは一式陸攻二七機と、零戦一七機。台南空零戦隊には坂井三郎一飛曹もいた。

陸攻は当初、飛行場攻撃用に陸用爆弾を

搭載していたが、艦船攻撃のための通常爆弾、二五〇キロ爆弾二発と六〇キロ爆弾六発に積み替えた。しかし爆弾の換装が終わったところで、さらに魚雷に切り替えよとの命令がきた。ツラギが空襲を受けたということは、敵の機動部隊が来襲しているということであり、四空の一番の目標は近海にいると目される「空母」、次がガダルカナル島に物資を揚陸中のルンガ泊地の「輸送船」とされた。空母攻撃には雷撃が有効だ。ところがブナカナウには魚雷運搬車が九台しかない。それを使って全機に魚雷を搭載するためには一、二時間ではとても不可能である。結局、雷装は中止となり、江川廉平大尉の率いる陸攻が爆装でブナカナウを離陸したのは午前八時六分のことだった。

四空の一式陸攻は、ブナカナウを離陸すると高度五〇〇〇メートルでガダルカナルに向けて直進した。しかしこの光景は、ブーゲンビル島のコースト・ウォッチャー(沿岸監視哨)のポール・メーソンによってただちにターナー司令部宛に報告された。

米軍は日本軍攻撃隊が到着するはるか前から余裕を持って、邀撃戦闘機を上げた。サラトガとエンタープライズを発進したグラマンF4Fワイルドキャット六〇機余りはサボ島上空で一式陸攻を待ち受けていた。

攻撃部隊はガダルカナル島に着く前に空母発見の連絡がなかったため、目標をルンガ泊地の輸送船団に切り替えた。
四空陸攻隊はルンガ泊地上空、高度三七〇〇メートルで爆撃針路に入った。執拗に高角砲の弾幕が蔽う。爆弾投下は編隊による公算爆撃とされ、指揮官機を除く列機は、指揮官機の投弾を見て爆弾の投下を行なう。午前十一時二十五分、指揮官機の爆弾投下に倣い、列機も爆弾の投下電鍵を押した。上空からは水すましのように爆弾を回避しようとする輸送船の姿と、続いて次々と水柱が上がるのを確認した。しかし敵艦には命中したことを示す黒煙や火柱はついに一本も上がらなかった。

その直後、待っていたかのようにグラマンが上空から覆いかぶさってきた。グラマンとの空中戦は小一時間も続いた。四空陸攻隊は三機が自爆し、二機が不時着、残りの機もほとんどが被弾するという有様で、戦死者は二八名に及んだ。生き残った攻撃部隊は午後四時前、バラバラになってブナ

日本軍攻撃隊に立ちはだかったグラマンF4Fワイルドキャット。陸攻隊にとっては強敵だった。

8月7日、米軍に撃墜された四空の一式陸攻。主翼の大半が燃料タンクになっている関係で、海上に落ちてもしばらくは浮いていた。8日の天野機もこのような光景だったのか。

カナウにたどり着いた。

台南空零戦隊一七機は、グラマン五〇機と空戦、四〇機を撃墜、SBD艦爆五機も屠ったと伝えたが、自らも二機が自爆、二機が行方不明、二機が被弾した。被弾した二機のうちの一機は、SBD艦爆の後部銃座から撃たれ、頭に負傷を負いながら帰還した坂井三郎一飛曹だった。

この日の戦果は、九九艦爆が上げた駆逐艦二隻大破というものだけで、四空陸攻隊は何ら戦果を上げることができなかった。やはり陸攻の水平爆撃では敵艦艇に致命傷を与えることは難しい。魚雷でなければだめだという思いが搭乗員はもちろん、艦隊司令部にも印象付けられた。爆弾一発で敵主力艦を撃沈することはできないが、魚雷であれば当り所によっては一本で沈めることができるという考えだ。マレー沖海戦での成功体験が、さらに海軍をして魚雷に対する信仰ともいえる戦術へ拍車をかけたといえるのではないか。

「男のなかの男」の戦い

天野二飛がブナカナウの飛行場に降り立ったのは、四空陸攻隊が攻撃を行なった八月七日の夕刻のことだった。第二中隊の九機はサイパンから魚雷を搭載した状態で着陸した。初めて見るラバウルは、荒地で爆撃の破孔も生々しい。飛行場施設も充実し、飲み屋まであるテニアンに較べ、ラバウルはまさに最前線という雰囲気だった。

二中隊の搭乗員たちはこの晩、高床式の兵舎でハンモックに寝た。この日出撃した四空のことについて下士官兵らは何も教えられなかったという。これが天野二飛が唯一、ラバウルで過ごした一夜になる。その晩、翌日は雷撃と言われた機長の今村一飛曹が、宿舎で「これで俺も男のなかの男になれる」と言っていたことを天野は忘れられない。雷撃こそ男の花道だというのだ。

翌八日は午前三時半頃起され、愛機の点検を行なった。驚いたことに翼の上には火

一式陸攻の指揮官席に座る天野二飛。電信や偵察の配置の者も指揮官席に一度は座ってみたくなる。

山灰が二センチ近くも積もっていた。搭乗員整列は午前五時。この日は小谷仟《こたにかしら》大尉の率いる四空陸攻一七機と池田大尉の指揮する三澤空の陸攻九機、計二六機が編隊を組むことになった。三澤空は第三中隊の位置に付く。攻撃隊の総指揮官は小谷大尉になる。

天野二飛のペアは主な面々は変わらない。機長が主偵の今村進一飛曹、主操・酒井新一郎二飛曹、副操・中山東吾一飛、副偵・山口義晴二飛、天野環二飛、主電・根上巌二飛曹、搭整・多田羅三郎一整曹の計七名。今回、天野二飛は副偵察員という配置で、離陸時は機首の偵察員席に座った。主電の根上二飛曹は甲飛五期出身。大型機講習を終えて五月末日に三澤空に配属されたばかりだった。愛機には黒光りする魚雷が搭載されており、整備員による試運転も終わっていた。

司令、指揮官から出撃に際しての訓示並びに攻撃方法の説明があった。天野二飛にとっては魚雷を積んで出撃するのは、ドゥーリットル追撃、ミッドウェイと続いて三回めだ。ただ一度も魚雷を投下したことはない。今度こそ「敵機動部隊撃沈」の固い決意があった。

前日の攻撃部隊が艦載機のグラマンによって苦杯を嘗めさせられたことからも、敵空母部隊が上陸部隊の支援に随伴していることは間違いない。制空権を確保するためにも、さらにこの日の晩に予定されている第八艦隊のツラギ泊地突入を支援するためにも、攻撃の第一目標は敵空母とされた。ガダルカナルに物資揚陸中とみられるルンガ泊地の輸送船は後回しにされた。

攻撃部隊がブナカナウを離陸したのは午前六時十五分。地上員が滑走路の脇で帽子を振っている。二六機の陸攻はブナカナウ上空で旋回しつつ、編隊を組む。天野は活火山の花吹山が煙を吐き、海岸線の青い海と紺碧の空に浮かぶ白い雲を見て、一瞬戦場にいることを忘れそうになった。その後、東飛行場を離陸した台南空の零戦一五機が陸攻部隊の後上方に付き、一路ガダルカナルを目指した。上空からはガダルカナル島に急行する第八艦隊の艦艇が見えた。

ところがこの日も日本軍の動きは筒抜けになっていた。ブーゲンビル島北部のジャングルに潜むオーストラリア海軍大尉ジャック・リードが「日本軍双発爆撃機二四機、いま南東に向かう」とテレラジオでポートモレスビーのVIG局に連絡した。この通信は真珠湾を経由し、二五分後には攻撃目標であるターナーの輸送船団と直衛艦に伝えられたのだった。空母から発進したグラマンF4Fがサボ島上空で迎撃配置に就いた。

そうとは知らぬ日本軍攻撃隊は一路、ガダルカナルに向かっていた。途中、四空の陸攻三機が故障のため引き返し、二三機となった。第一目標とされる敵機動部隊発見の報告はまだない。仕方なく攻撃部隊は輸送船団へと攻撃目標を切り替えた。実はこの時日本軍は敵機動部隊の位置を、ツラギより北と推測し索敵線を張っていたが、実際の機動部隊はガダルカナル島の西方にいた。

目的地到着約三〇分前の午前九時十五分、「警戒配置」が令せられ、機首にいた天野二飛は七・七ミリ機銃の装填を行なった。九時四十分、マライタ島上空を通過したところで攻撃部隊は急速に高度を下げ、中隊毎に雷撃針路に入った。天野二飛の目にはルンガ泊地に蝟集する数えきれない敵輸送船団の姿が映じた。

アメリカ側によるとこの時の陸攻隊の攻撃の様子は、実に周到であったという。陸攻部隊は低空で「インディスペンサブル海峡上空を北から接近し、フロリダ諸島のレーダーの死角に身を隠し、それからシーラーク海峡上空を引き返して、東から攻撃した」（『太平洋の試練』イアン・トール　文春文庫）。グラマンは高度八一〇〇メートルで待機していたため、すぐに攻撃することが叶わなかった。

攻撃部隊に「突撃」が下令されたのは午前九時五十分。この十分後に巡洋艦オーストラリアの砲員が低空を進入してくる日本軍陸攻隊を発見した。激しい対空砲火が開始された。

天野二飛は最前部で機銃にしがみ付き、すぐに射撃できる態勢でいた。編隊はバラバラになり、個別に目標に向けて突進していく。目標は大型輸送艦だった。敵の弾幕がカンカンと機体に当たる音がする。周りにいる全ての船から天野の乗る飛行機目掛けて撃ってきているのではないかと思うほどの弾幕だった。敵艦の艦砲の黒い煙、曳痕弾の赤い糸、高角砲の黄色い煙、そして海面は流れ出た重油で火の海だ。まさしくこの世の地獄だ。

その時、操縦席のすぐ後ろにいた機長の今村一飛曹が機首の偵察席に降りてきて、銃座を替われという。「やはり機長として、最前部で機銃を撃ちたかったのではないでしょうか」。天野はそう語る。仕方なく、天野二飛は後ろの左側スポンソンの銃座に就いた。

8月8日、ツラギ沖の輸送船団を雷撃する四空、三澤空の一式陸攻。低高度雷撃が推奨され、左と右の機体は高度10メートルを切っているように見える。

陸攻隊の姿は米兵からは「のっぺりとした邪悪な姿が海の上を低空で徘徊し、輸送船のあいだを突進する」（前掲書）ように見えた。その高度はわずか海面六メートルから九メートルしかなかったという。

被弾、墜落！

敵艦に向けて射撃していた天野二飛は、左手首に焼き鏝を押し付けられたような痛みを感じた。対空砲火の破片が当たったのだ。一瞬、何が起きたのかわからなかったが、左の手袋から血が溢れ出たことで負傷したことがわかった。天野は邪魔な手袋を外して機銃にしがみ付いた。魚雷がサイドのスポンソンにいたため、魚雷が投下される様子は見ていないが、機体が一瞬浮いたことで「ああ、魚雷が投下されたのだ」とわかった。しかし目標艦の上空を通過した直後、対空砲火の被弾により、轟音とともに機体は海に叩きつけられた。

海中に突っ込んだ衝撃で機体は三つに割れていた。天野二飛がいた後部胴体付近には水が入ってきた。慌てて飛び出そうとしたが海面は火の海で、頭や手に火傷を負った。主翼と操縦席付近はしばらく浮いていた。よく見ると、今村一飛曹がいた筈の機首は吹き飛ばされてなく、主操の酒井二飛曹がうごめく姿が外から見えたが、風防の天蓋を開けると空気が入り、あっという間に燃え尽きたという。

天野二飛と根上二飛曹は機体から離れようと必死に泳いだ。天野の左手は火傷で手の皮が剥け、出血も酷かった。しかし救命胴衣をつけていたので体は浮いていた。根上二飛曹は天野二飛とは反対側のスポンソンにいたが、顔に火傷をしていたものの、他には負傷していなかった。とにかく根上二飛曹と声を掛けあって、近くの島まで泳ごうということになった。二人はとりあえず、ガダルカナル島を目指して泳ぎ始めた。ところどころで海面が燃えているのが見える。墜落した飛行機や、沈没した船が燃えているのだろうか。しかし近くに見えた陸地は、いくら泳いでも近づかない。そのうち、天野の左手の血を嗅ぎ付けた鱶が間近に寄ってきた。左手を鱶に噛まれそうになった天野は、思い切って相手に組み付いた。大きな鱶の目が間近に見えた。水中に引き込まれ、それでも格闘の末、辛うじて海面に浮き上がると今度は火の海の中だった。じりじりと顔を焼かれ、「これがこの世の地獄だ」と思った。

その後も懸命に泳いだが、なかなか陸地に着かない。意識が朦朧として、そのまま気を失ってしまったらしい。次に天野が目を覚ましたのは、連合軍の駆逐艦の医務室だった。素っ裸で手の皮を剥かれていて、その痛みで目が覚めたのだった。「しまった、捕虜になった」と思ったが、抵抗する気力は起きなかった。

恐るべき戦果の誤判断

ルンガ沖に到達した陸攻二三機は、米軍の見たところ雷撃前に一八機が撃墜され、海中に没した。辛うじて敵艦に辿り着いた五機のうち三機が魚雷を投下、そのうちの一本が駆逐艦ジャービスの前部に命中したとされる。ジャービスの損傷は大きかったが、この攻撃で沈むことはなかった。

雷撃終了後の陸攻をグラマンが襲い、そのうちの被弾した一機が輸送艦ジョージ・F・エリオットの上甲板に突っ込み炎上した。米軍の被った被害はこの二隻だけだった。

実際の日本側の被害は、攻撃地点に辿り着いた二三機のうち、四空が自爆一一機、三澤空が自爆六機。不時着大破一機。五機がブナカナウに戻ったが、いずれも激しく被弾していた。陸攻隊の戦死者はわずか一日で一二五名に及んだ。戦死者の中には、四空の指揮官・小谷大尉、中隊長・藤田柏郎大尉、さらに三澤空の指揮官・池田大尉も含まれている。すなわち分隊長はいずれも戦死したのである。

実際の被害に対し、日本側が報じた戦果は、大巡一隻撃沈、軽巡二隻大火災沈没確実、一隻傾斜大破、駆逐艦一隻轟沈、輸送船九隻撃沈、二隻大破というものだった。つまり一三隻を撃沈、三隻を大破炎上させたというのだ。三澤空の行動調書でも、三澤空攻撃隊は巡洋艦三、輸送船三を撃沈したと報告している。

どうしてこのような過大な戦果報告がされたのだろうか。日本海軍は今次大戦中、航空機による艦艇攻撃の戦果判断を何度も誤り、過大報告を繰り返した。その最初がこのルンガ沖雷撃戦だったといえよう。

過大評価の原因は、ひとつには戦果の判断をすべき攻撃隊の分隊長が三人とも戦死してしまい、総合的な判断ができなかったからではないかということ。また集団的な雷撃戦が初めてだったため、被弾墜落した機体の火柱を、敵艦の損害と勘違いしたことが考えられる。またこれもよく言われることだが、少しでも戦死した者に対して花を持たせてやりたいという思いが、戦果判定を甘くしたとも言われる。

一度の海戦で一二五名の戦死者を出したことに、十一航空艦隊司令部や航空戦隊司令部は驚愕しつつも、一三隻を撃沈したという戦果報告に愁眉を開いた。結果、この戦果の過大判定が、陸攻部隊をさらなる死地に追いやることになる。

一方、米軍はこの二日間で空母に搭載されていた邀撃用のグラマンF４Fを二一機失っていた。この事態に第61任務部隊のフレッチャー少将は八日午後、物資揚陸中の輸送船団を残したまま、ガダルカナル南方へと一時的に退避することを決めた。日本軍が追い求める空母は、姿を消していたのである。

天野二飛のその後

包帯でぐるぐる巻きにされた天野は身動きすることもできず、ベッドに縛り付けられたまま数日を過ごした。船のエンジン音が止まるとベッドごとデリックで陸地に下された。そこはニュージーランドの首都、ウェリントンであった。

火傷が回復すると天野は簡単な尋問の後、ウェリントンから北東に五〇キロほどのフェザーストン収容所に送られた。結局そこで三年五カ月を過ごすことになる。その間、暴動騒ぎもあったが、それに巻き込まれることもなく、終戦の日を迎える。終戦後の二十一年一月、帰国することになり、ウェリントンを船出、一カ月を掛けて浦賀に着いた。松山の自宅に帰ると、自分の位牌と墓があったという。

二．石井繁男二飛曹――甲飛五期生の無念

甲飛五期生の足跡

八月八日、天野二飛と根上二飛曹が地獄のソロモン海を泳いでいる時間、三澤空の第一中隊、第三中隊が後を追うようにブナカナウに着陸した。森田林次大尉の率いる一中隊一小隊二番機に石井《いしい》繁男《しげお》二飛曹の姿があった。石井は九月下旬、負傷して病院船でラバウルを去るまで、約二カ月の間、緒戦のソロモン攻防戦を体験することになる。

石井繁男二飛曹。写真はラバウルから帰還後、谷田部航空隊の教員時代のもの。

　石井二飛曹は大正九年九月、千葉県千倉の出身。安房《あわ》中学を卒業後、昭和十四年十月、甲種飛行予科練習生五期

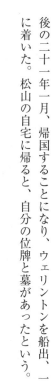

として土浦海軍航空隊に入隊した。天野二飛とともにソロモンの海に投げ出された根上二飛曹の同期生である。

十六年三月、予科練を十三番の成績で卒業。操縦を希望したが偵察に割り振られた。鈴鹿海軍航空隊で偵察教育終了後、宇佐空での延長教育を経て、十七年二月一日、木更津海軍航空隊で大型機講習を受けることになったが、間もなく大型機の練習航空隊が台湾の新竹に移ることになり、海を渡った。新竹で大型機講習を受けた最初の練習生ということになる。この時、新竹には甲飛五期生のほか、乙飛九期、乙飛十期など、一五〇名ほどが講習を受けた。十七年五月末、第十九期大型機講習は四カ月で修了、六月一日付で木更津に間借りしていた三澤空に配属された。

配属と同時に石井二飛曹はペアが決められ、第一中隊一小隊二番機の電信員を命じられた。機長は偵察員の佐藤義雄一飛曹、操縦員は富樫留八二飛曹、ともに鹿屋空からの転勤組だ。

早速、六月六日、九日、十八日と木更津から本州東方海面の索敵を行なったが、これが石井二飛曹の最初の戦務ということになる。七月十日に部隊はサイパン島アスリート飛行場に移動、高高度爆撃を中心に訓練を行なった。

そして米軍のガダルカナル島上陸の情報に、三澤空本隊は先発した第二中隊を追い、八月八日午後、ラバウルのブナカナウ飛行場に進出する。その日、石井二飛曹がブナカナウに着き、攻撃から帰ってきた二中隊機を見て唖然とした。機体は被弾でボロボロで、しかも二機しか帰ってこない。二中隊はほぼ全滅したのだ。そのうちの一機、甲飛二期出身の小野久雄一飛曹が主操を務める機体を中から見せてもらったが、まったく蜂の巣のようだった。その様子に石井二飛曹は、明日は我が身だと覚悟した。さらに未帰還となった同期の中村信吉二飛曹、根上巌二飛曹の遺品整理を命じられた。石井は根上二飛曹が助かったことは戦後になるまで知らなかった。

九日も二十五航戦司令部は、残敵掃討を行なうことを決定した。目標は討ち漏らした敵機動部隊。司令部では輸送船団には八日の攻撃でかなりの損害を与えていること、陸攻の水平爆撃では輸送船に効果的な爆撃を行なうことは難しいことから、敵機動部隊への雷装による索敵攻撃を決めたとされる。

攻撃部隊は四空が機材の調達が間に合わず、三澤空の第一中隊、第三中隊の計一七機が出撃することになった。指揮官は、三澤空飛行隊長中村友男大尉。八日の晩夜十時、先任下士官が兵舎に来て搭乗割を読み上げた。「富樫二飛曹」と操縦員の名前が呼ばれると、ペアは「これは行くぞ」と喝采を上げたという。しかし八日の消耗が大きかったため、各機サブの電信員は置かないという。二番機の電信員は石井二飛曹だけだ。石井は責任の重大さに身が引き締まる思いがした。

二飛曹の乗る一中隊一小隊二番機の機長は偵察員の佐藤義雄一飛曹。攻撃部隊は午前六時二十七分、一番機がブナカナウを離陸、上空で編隊を組みガダルカナルを目指した。離陸して一時間余り経った八時六分、索敵機からの「敵発見」を受信、基地からも敵の位置を報せてきた。

十時二十五分、ブラク島近海で敵艦のものらしき油跡を発見、十分後には敵のアキリーズ型乙巡を見つけた。途中故障で引き返した一機を除く一六機は、敵戦闘機がいないことを確認して襲撃運動に入った。この時、米機動部隊は南方に退避しており、幸運にも邀撃戦闘機はいなかった。

乙巡一隻では一六機の陸攻隊には物足りない相手だが、致し方ない。雷撃運動に入ったところで石井二飛曹は通信士席を立ちあがり、脇の支柱を握りしめて攻撃の様子を注視した。二飛曹の乗る二番機は、指揮官機の後ろを後続していく。彼我の距離が五〇〇〇メートルを切ったところで、敵は猛然と対空射撃を開始した。その弾幕の凄まじいこと、二飛曹は「これでは生還は期し難い」と観念したという。

操縦席の遮風板いっぱいに敵の艦影が広がった。偵察席の機長佐藤一飛曹が「テーッ」と怒鳴ったが、操縦員の富樫留八二飛曹は「まだまだ」と言い返す。二人とも鹿屋空出身で、マレー沖海戦を経験したベテランだ。その胆力に石井二飛曹は舌を巻いた。そして二人が揃って「テーッ」と叫ぶと同時に、副操縦員の木下武三飛曹が魚雷の投下鈕を押した。ふわりと機体が浮いた次の瞬間、石井二飛曹は右の壁に強く体を押し付けられた。機体は左に横滑りしながら退避している。高度は一〇メートルあるだろうか。その刹那、機体は敵艦を飛び越えていた。

石井二飛曹の頭に「生還」という言葉が浮かんだ。その後、二飛曹は後続する二中隊長の畦元大尉機が火だるまになって海面に激突するのを見た。

この日、攻撃部隊は乙巡アキリーズに魚雷二本を命中させ、撃沈したと報じ、午後二時半、ブナカナウに帰投した。三澤空は自爆二機、不時着一機、被弾三機、戦死者一八名を出した。邀撃戦闘機はいなかったので、すべて対空砲火による被害である。そしてその被害と引き換えに、乙巡一隻を撃沈したのである。

畦元一郎大尉はマレー沖海戦にも参加した経験を持つ。兵学校66期出身。

ところがこの乙巡は、実際は七日に被雷した駆逐艦ジャービスだった。ジャービスは七日の攻撃で損傷し、帰還するところを三澤空の一六機に襲われたのだった。三澤空はマレー沖海戦にも参加したベテランの畦元大尉と、伊藤順天一飛曹機を失った。敵戦闘機の邀撃がなかった分、損害は前日より少なかった。

軍令部、アメリカ軍を撃退と判断

十日も三澤空は飛行長の遠藤谷司少佐が直卒して、ツラギ方面の敵機動部隊に対する索敵攻撃を行なった。一一機の陸攻は午前五時半、ブナカナウを離陸、十時四十五分頃、目標とするシーラーク水道に到達したが、付近を旋回捜索したものの、敵艦を発見することができず、攻撃を断念、引き返した。

この結果を受けて、二十五航戦は米機動部隊が「遁走」したと判断した。二十五航空戦の戦闘詳報では、七日から十日にわたる航空戦と、八日の第八艦隊の夜襲により、敵攻撃部隊の主力は撃破され、敵を撃退したと結論づけている。八日の陸攻隊の被害はほぼ対空砲火によるものであり、その損害は大きかったが、絶大な成果を収めたとも述べている。

さらに日本軍は、ガダルカナルに上陸した米軍の数を過小評価しており、その数二〇〇〇人程度（実際は一万八〇〇〇人）と見積もり、一木支隊三〇〇〇人で撃退できると判断していた。これらの誤った判断が、ガダルカナルの戦いを泥沼化させ、日本軍航空隊を墓場へと導いていくのである。

三澤空、攻撃部隊の主力に

八日から十日まで、三日間の航空戦で四空はほとんどの戦力を消耗し、三澤空が当面のラバウルにおける攻撃主力とならざるを得なくなった。三澤空を統べる二十六航戦司令部も十日にラバウル進出を下令され、下旬には進出を完了、南東方面作戦に全面的に参加していくことになる。

日本側はアメリカ艦隊を撃退したものの、補給のため再び空母がガダルカナル島付近に現れると予想し、索敵を強化していた。十二日には石井二飛曹も三番線の索敵線を飛んだ。六月の木更津からの索敵と異なり、米軍が絶対いると思うと、緊張感は倍化した。朝六時過ぎにブナカナウを離陸、戻ったのは十四時半近く、九時間余りの索敵飛行だ。

八月十七日にはニューギニアのポートモレスビー爆撃に狩りだされた。石井を含む一六機の陸攻は二五〇キロ爆弾と六〇キロ爆弾を混載、スタンレー山脈を越え、ポートモレスビーの飛行場爆撃を行なった。ブナカナウからポートモレスビーはわずか三時間ほど、午前五時半に離陸して八時二十分には爆撃を実施、十一時過ぎにはブナカナウに戻った。石井二飛曹にとっては初めての陸上基地の爆撃だった。

米軍はこの時期、空母を随伴させてガダルカナル島に物資を揚陸すると同時に、日本軍輸送船を攻撃しようとしていた。ラバウルからの索敵は連日行なわれており、十八日、石井二飛曹は再び三番線の索敵に当たった。

二十一日にはショートランドを発進した九七大艇が敵艦隊発見を報じて連絡を絶った。この敵に対して三澤空は四空とともに二六機の陸攻を発進させ、索敵攻撃を行なった。石井二飛曹は一小隊二番機の電信員の配置だ。遠藤谷司少佐の率いる攻撃隊は午前六時七分、ブナカナウを発進、予想会敵地点に向かったが、十時近くになっても敵を発見できず、午後〇時四十五分、ブナカナウに帰投した。

二十二日、内地から木更津海軍航空隊の一式陸攻が応援戦力としてブナカナウに進出してきた。木更津空は陸攻の練習航空隊だったが、十七年四月、練習航空隊を新竹に移し、実戦部隊となっていた。新たに三個中隊が増勢され、ラバウルには四空、三澤空、木更津空が揃ったことになる。

二十八日にガダルカナル島ヘンダーソン飛行場爆撃を命じられ、離陸するも天候不良のため引き返し。翌二十九日、改めて爆撃に向かう。この日は森田大尉率いる九機。

石井は一小隊二番機の電信員だ。陸攻は午前五時四十五分、ブナカナウを離陸、午前十時、ヘンダーソン飛行場上空で爆弾を投下、六十キロ爆弾の雨を降らせた。敵機八機を地上で爆破したことを確認、午後一時に全機無事にブナカナウに戻った。

米軍が占領したガダルカナル島ヘンダーソン飛行場。すでにワイルドキャットが駐機している。

八月三十一日、九月一日、四日、六日と石井二飛曹はガダルカナル飛行場攻撃に発進したが、いずれも天候不良で途中から引き返した。この時期、陸軍は川口清健少将の率いる川口支隊四五〇〇名を上陸させ、反撃に転じようとしていた。それに伴い、陸軍部隊の要請による爆撃が試みられたのだが、天候不良により効果的な支援が行なえずにいた。

九月一日、千歳空の一式陸攻一個中隊がラバウルに増援のために到着した。

運命のガダルカナル島爆撃

引き返しの繰り返しでいささか腐っていた石井

二飛曹に、次の出撃が命じられたのは九月十日。この日は川口支隊の攻撃に呼応したガダルカナル島敵陣地爆撃が命じられた。三澤空の一一機が木更津空の一一機、千歳空の四機とともに、陸軍から要請のあった飛行場東側の敵陣地爆撃に向かった。もはや一般的な攻撃単位である三個中隊二七機をひとつの航空隊で編成することが叶わず、三個航空隊で一個中隊を作ったのだ。指揮官は木更津空の鍋田美吉大尉が務める。

この日、石井二飛曹は三澤空指揮官森田大尉機の電信員である石橋二男一飛曹がマラリアで発熱したため、急遽指揮官機の電信員をやれと命じられた。中隊長機の電信員は列機のそれよりはるかに責任が重い。石井二飛曹は緊張しながら指揮官機の機上の人となった。

搭載爆弾は二五〇キロ一発と六〇キロ四発。午前五時五十五分、鍋田大尉の指揮する木更津空に続き、三澤空が離陸する。二空と六空の零戦一五機が東飛行場から離陸、陸攻隊と編隊を組む。

ルッセル島上空を通過後、編隊は高度を徐々に上げ、七〇〇〇メートルに占位した。酸素マスク、電熱服を用意する。エスペランス岬の手前で「警戒」が令せられ、二飛曹は後部左の側方銃座に就いた。ところが攻撃部隊は左へと旋回していく。「これは逆コースだ」と石井二飛曹は直観した。不慣れな木更津空指揮官が旋回方向を通常とは逆にとってしまったのだ。編隊はツラギ上空で熾烈な対空砲火に晒されることになってしまった。午前十時、編隊はツラギからヘンダーソン飛行場方向に南下する。高角砲の弾幕はますます激しくなる。「敵さんは電探射撃を行なっていると言われてました。とにかく初弾からぴたりと合わせてきた」そう石井は回想する。

突然、鼓膜を裂くような炸裂音と風圧を感じ、右の側方銃座に就いていた石井二飛曹は機銃を放り出し、後ろに叩きつけられた。起き上がろうともがくが、左手がまったく動かない。よく見ると救命胴衣の中から羽根が毟り取られたようにはみ出し、左手がしびれている。しばらくすると鮮血が噴き出した。ようやく自分が高角砲弾の破片によって、左手を引き裂かれたのだと理解した。二飛曹は辛うじて自分で止血処理をした。

十時十二分、爆弾投下。敵陣地、海岸橋頭堡に爆炎が上がるのが見えた。ひとまず成功だ。ところが弾幕を抜けた途端、グラマンF4Fが襲い掛かってきた。二飛曹は右手だけで機銃を撃ちまくったが、うまく当たるはずもない。二小隊一番機の飯塚豊中尉機が片方のエンジンから火を噴きながら落ちていく。二飛曹の機も無事ではない。右側エンジンが停止し、機体には四〇個近い破孔が開いている。機体はどんどん降下している。サブの電信員三瓶志郎三飛曹（乙飛十期）が飛んできて、「重量物件投下」と機長の指示を伝える。機銃、無線機果ては弁当箱まで投げ捨て、ようやく高度三〇〇〇メートルで水平飛行を確保した。

さらば、ラバウル

二飛曹は後部胴体の床に横にされ、ペアが交替で様子を見てくれる。止血帯を緩めると少し血が流れ、痛みが和らぐのだ。森田大尉機と随伴してきた二番機は午後〇時五十五分、ブカに不時着した。そこで陸軍軍医の応急処置を受けた後、二番機に乗せられブナカナウに戻った。直ちに二飛曹はラバウルの第八海軍病院で手術を受けた。戦傷名は左前膊高角砲弾断片創。内地療養を命じられた二飛曹は九月二十八日、特設病院船「高砂丸」でラバウルを去った。進出からわずか二カ月足らず、遠ざかる花吹山の噴煙を望見しながら、石井は「さらばラバウル」と呟いた。

三. 松田三郎一飛曹——甲飛三期生が挑んだ海軍初の夜間雷撃

「おい松田《まつだ》、もし俺が敵の探照灯に照射されたら、お前は横に開いて光芒の外に出ろ。そしてその明かりを目標に雷撃をやるんだ。」松田三郎《さぶろう》上飛曹は、指揮官・中村友男少佐の自らを犠牲にして列機を誘導しようとするその言葉に、激しく感動した。「よし、雷撃こそ操縦員の腕の見せ所だ」。上飛曹は覚悟を決めた。

すでに雷装した一六機の一式陸攻が轟轟と発動機を始動させていた。昭和十八年一月二十九日正午少し前、日本海軍初となる夜間雷撃「レンネル島沖海戦」のはじまりである。松田三郎にとっては、そのわずか四日後に起きた悲劇とともに、忘れられない出来事だ。

松田三郎は十七年四月、鹿屋空から三澤空に転勤、十八年九月三澤空がラバウルを去る日まで同隊で勤務、まさしく「ラバウル航空隊」としての三澤空を見届けた一人だ。

甲飛3期出身の松田三郎一飛曹。写真は木更津で撮影されたもの。

ストライキを打った予科練生

松田は大正十年一月、富山県高岡に生まれた。地元の高岡中学に進学したが、同校にはまだ珍しかったグライダー部があった。これは後に読売新聞社主となる先輩、正力松太郎が寄贈してくれたという。松田は同部の部長となり、学生航空連盟北陸代表として全国大会でグライダーを操縦した。航空への夢が大きく膨らんだ。

高岡中学卒業後、甲種飛行予科練修生第三期を受験、合格。昭和十三年十月、横須賀海軍航空隊に入隊する。甲飛三期生は入隊早々、海軍当局の扱いが当初の約束と違うと反発、ストライキを行なったというから痛快だ。中堅幹部の候補生として、陸軍士官学校を蹴って入隊したのに、ジョンベラと呼ばれた水兵服を着せられたことに抗議したという。事件は新しく人格者の古田良夫少佐が着任、穏便に収まった。このことが結果、三期生の結束を高めた。

十四年十月、適正検査により操縦に選抜される。「実際に操縦桿を握るのは十五年四月、筑波に行ってからでしたが、それは嬉しかったですね。グライダーでの経験が役立ったと思いました」。筑波で初練、中練に乗った後、十五年十一月大分で艦攻の実用機教程を受ける。ところが大分に行った四二名は後に全員陸攻の操縦員となった。いかに海軍が陸攻の搭乗員を欲しがっていたかがよくわかる。

中国大陸での初陣

昭和十六年二月十六日、木更津航空隊に入隊。第十二期大型機講習受ける。この時の教官は後に三澤空で再会する中村友男大尉だった。延長教育は二カ月で修了、四月十五日鹿屋空に配属される。七月二十三日に九六陸攻に乗り、漢口から成都爆撃に参加、これが松田三郎の初陣となった。いわゆる百二号作戦だ。「この時は二飛曹です。配置は副操縦員で、森田林次大尉の中隊でした。サブの操縦員はすることがないんですよ。電信員とか偵察員は敵地上空では銃座に就きますが、副操縦員は座っているだけ。手持無沙汰でしたが、様子がよくわかりました。もう零戦が付いて来ていましたから、対空砲火以外怖いものは無かったですね」。

九月二日に鹿屋に戻ると、九六陸攻から一式陸攻に機種改変が行なわれた。「一式陸攻は三点姿勢が低いので、着陸の時に地面に突っ込むような気がしました。でも馴れるとスピードも出るし、私は九六陸攻より好きでした」。松田二飛曹は太平洋戦争の開戦の日を台湾の高雄で迎えた。フィリピンのイバ飛行場攻撃を命じられたが、敵戦闘機の巣窟といわれており、緊張した。しかし第一段作戦は順調に推移し、戦争なんてこんなもんかという雰囲気が一部にはあったという。

そんな松田二飛曹が木更津にいた三澤空に転勤を命じられたのは十七年四月一日。木更津ではまず開発されたばかりの電探講習を受けた。ところが画像はよく見えないし、一二〇キロもある電探を積むことで重心点が移動、逆立ちする機も出て、一式陸攻への搭載は沙汰止みとなった。一式陸攻が実際に電探を搭載するのはこれから二年近く先のことだ。

三澤空が実働を開始して間もない四月十八日、ドゥーリットルの東京初空襲が起きる。三澤空の隊員たちの眼前で川崎が空襲された。この空襲に対し、三澤空は池田大尉指揮の二中隊が敵機動部隊の索敵攻撃に出撃した。松田二飛曹は出撃する二中隊機を帽振れで見送った。しかし敵空母を捕まえることはできなかった。

「墓場」ラバウルへの進出

その後、七月に入ると三澤空は南方への出撃を控え、サイパン・アスリート飛行場で訓練を行なうことになった。五月に一飛曹に進級した松田一飛曹は、畦元一郎大尉が率いている第三中隊に所属、その配置は三中隊三小隊三番機、いわゆる「カモ番機」だった。航法通信、低空雷撃、高高度爆撃などの訓練を行なっていた部隊に、前線への進出は突然訪れた。

八月七日、ガダルカナル島へ米軍が上陸した。松田一飛曹の所属する第三中隊がブナカナウに進出するのは八日の午後。「われわれが到着するのと前後して、この日、敵輸送船団攻撃に行っていた四空と三澤空の混成部隊が帰投してきました。戻ってきた機はどれも穴だらけ、血塗れの搭乗員が担ぎだされてくる様子を見て、これは大変なところに来た、と思いましたね」。松田の眼に初めて映ったラバウルの光景だった。

悔しい思い

前述したようにこの日午前中、池田大尉率いる二中隊は、四空の一七機とともに、魚雷を抱いてルンガ沖の敵輸送船団攻撃に向かった。この攻撃で日本側は輸送船一〇隻と重巡二、駆逐艦二を撃沈したと報じた。しかし日本側の被害は甚大で、四空で帰還できたのは三機のみ、三澤空も池田大尉を含む六機が撃墜され、一機は不時着、ラバウルに戻ったのは二機だけ、計二〇機が一挙に失われたのである。

「被害の大きさには驚きましたが、大巡や輸送船など一〇隻以上を沈めたということで、よくやった、よし俺たちもと発奮しました」。その時の様子を松田はそう語った。

翌九日、三澤空の一、三中隊にも出撃の命令が下った。中村友男大尉の率いる一七機は敵機動部隊を求めて午前六時半前後から離陸を開始した。しかしその中に松田機はいなかった。「魚雷が足りず、自分の機だけ急遽サイパンに取りに行かされました。悔しかったですが仕方ない、戦いはこれからまだまだ続くのだと自分に言い聞かせました」。

翌十日には遠藤谷司少佐率いる一一機が、さらなる敵艦を求めて出撃したが、シーラーク水道に敵影はなく、攻撃を断念して帰投した。

四日間にわたる攻撃で、陸上航空兵力を統べる第十一航空艦隊は、敵艦隊を撃退したと都合よく判断した。陸攻部隊の損害は大きかったが、それさえ覚悟すれば敵一〇隻以上を撃沈し（実際の撃沈は駆逐艦一隻のみ）、敵を撃退することができると誤った判断をしたのである。

松田一飛曹、ソロモンでの初陣

その後も在ラバウルの陸攻隊、飛行艇は敵艦隊を求めて索敵を行なう一方、ポートモレスビー爆撃、ガ島飛行場（いつの間にか搭乗員はガダルカナル島のことをガ島と呼ぶようになっていた）爆撃を行なった。陸攻隊に課せられた任務は、第一に制空権を確保するため敵空母を使用不能にすること、また敵飛行場を破壊することであり、第二に、敵の兵站を断つため、輸送船団を発見、攻撃すること、そのための哨戒・索敵。友軍支援のための敵陣地爆撃、味方への物資投下というものであった。

松田一飛曹の名前が三澤空の出撃搭乗割に出たのは八月二十三日。中村友男大尉が指揮し、一五機がツラギ在泊艦船攻撃並びに友軍への糧食投下のための出撃だった。

ところがこの日は天候が悪く、三時間余り飛んだところで引き返すことになった。赤道に近いソロモン諸島は、天候が変わりやすく、作戦の大きな制約となった。翌日も友軍への糧食投下のために出撃したが、この日も天候不良のため途中引き返した。

次の出撃は二日後の八月二十六日。この日は中村友男大尉の指揮下でガ島飛行場爆撃に向かった。松田機の配置は指揮小隊の三番機である。この攻撃にはラバウルに進出したばかりの木更津空の八機も参加、台南空の零戦一二機が掩護についた。

攻撃部隊は午前六時過ぎにブナカナウを離陸、ソロモン列島線を通過しながら、八時半には戦闘警戒に入り、十時十五分、ガ島上空に到達、爆撃を実施した。各機とも二五〇キロ爆弾一発と、六〇キロ爆弾八発を搭載しており、爆煙は飛行場全体を覆った。

爆撃終了後、待ち構えていたグラマンとの空中戦が三〇分ほど続き、木更津空の一機が撃墜され、指揮官機の中村大尉機も被弾のためブカ島に不時着した。他は被弾したものがあったものの、無事に午後一時五十分、ブナカナウに戻った。「緊張しましたが、私の機は被弾することもなく、無事に帰ることができました」。

しかし九月十二日のガダルカナル攻撃では熾烈な防御砲火を受け、出撃した一一機のうち二機が落とされた。その激しさに松田一飛曹も息をのんだ。敵は電探射撃を実

三原元一少佐は勇猛果敢、それでいて部下にも気を遣う。上下から信頼の厚い指揮官だった。

施していると聞かされた。

　この時期、三澤空はほぼ中隊単位でガダルカナル島攻撃、ポートモレスビー爆撃を繰り返した。松田一飛曹も九月後半からは連日のように爆撃に、哨戒に、物資投下にと出撃を繰り返したが、陸軍がガダルカナル島の飛行場奪回に成功したという情報が届くことはなかった。

七〇五空への改称と三原少佐の着任

　十七年十一月、航空隊令の改正より、実戦部隊はすべて三桁の数字で部隊名を表記することになり、三澤空は七〇五空と改称した。また菅原司令が小西康雄大佐に、遠藤飛行長が三原《みはら》元一《もといち》少佐（兵五十五）と交替した。三原少佐は支那事変冒頭から作戦に参加、数々の武勲に対し金鵄勲章を授与された猛将と言われていた。

「三原少佐は豪放磊落を絵に描いたような人でしたね。着任早々搭乗員を集めて、貴様らなんで髪を伸ばしてるんだ。全員坊主にしろ、と命じられました。通常、下士官兵は坊主頭が基本なのですが、戦場では好き勝手伸ばしていたのです。怖い人が来たぞ、とみんな震え上がりました」。ところが少佐は下士官兵にも気さくに声を掛けてくれ、話もわかりやすい。搭乗員たちは皆、「この人のためなら」という気になったという。

また少佐は指揮官先頭を実践し、年が明けた十八年一月十七日、二四機を率いてラビ飛行場爆的実施している。

ガ島の放棄とレンネル島沖海戦

十七年十月末に陸軍はヘンダーソン飛行場奪回のための総攻撃を仕掛けたが、これも失敗。その後幾度かにわたる物資輸送もうまく行かず、ついに十二月末、大本営は天皇の裁可を得て、ガダルカナル島撤退を決めた。五カ月に及んだ大消耗戦にピリオドが打たれたのだった。日本軍は撤退を米軍に悟られぬよう、航空攻勢を仕掛け、一時的にガダルカナル島周辺の制空権を奪回することを企図した。この間、十一月下旬には南東方面作戦を主導していた二十五航戦が戦力を損耗したため、内地に帰還して再建されることになり、七〇二空と改称した四空は木更津に帰還した。名実ともに二十六航戦の三澤空が主力として戦うことになったのである。

米軍は日本軍の撤退という意図に気づかず、逆に兵員の増援を続けていた。一月二十七日には大西洋戦線から転任してきたロバート・C・ギッフェン少将率いる第18任務部隊が輸送船団を護衛しながら、ガダルカナル島に向かっていた。同部隊は重巡三隻、軽巡三隻、護衛空母二隻、駆逐艦八隻からなる部隊で、後方にはエンタープライズを擁する第16任務部隊もいた。

檜貝襄治少佐。支那事変当時から三原少佐とともに名を馳せた陸攻隊の指揮官の一人。横須賀航空隊から最前線に馳せ参じた。

一月二十九日午前七時三十七分、前進基地バラレから出た索敵機がサンクリストバル島南方海面で第18任務部隊を発見。ラバウルの二十六航戦司令部では、ただちに七〇五空、七〇一空（旧美幌空）に対し、薄暮の雷撃を実施するよう命じた。それまでの陸攻の昼間雷撃では被害が大きい、そのため暗くなりかけた時間帯を狙って魚雷戦を仕掛けようというのだ。昼間攻撃から薄暮、黎明へ、陸攻の戦術は変わらざるを得なかった。

七〇一空は九六陸攻の部隊で、マレー沖海戦にも参加した歴戦の部隊だった。前年

七〇一空はこの時期、珍しく九六陸攻を運用する部隊だった。ブナカナウに着陸する１機。

レンネル島沖海戦出撃に当たって、七〇五空指揮所前で小西司令が訓示を行なう（左から３人目、腰に手をあてている人物）。

不在の三原少佐に代わって、中村友男少佐が七〇五空の指揮を執る。左端、「髭の少佐」と呼ばれた中村少佐。

十二月にラバウルに進出、三原少佐と同じく支那事変で名声を馳せた檜貝襄《ひがいじょう》治《じ》少佐が飛行長を務めていた。薄暮雷撃には檜貝少佐自らが陣頭指揮を執ることになった。

七〇五空の三原少佐はこの日、要務でブインに行っており、攻撃には間に合わなかった。飛行隊長の中村友男少佐（十一月進級）が指揮官として出ることになり、松田上飛曹（十一月階級呼称改正）は指揮小隊の二番機を命じられた。

出撃前、七〇一空と七〇五空の幹部たちは、攻撃方法について細かく擦り合わせを行なったと思われる。正午前、中村少佐が七〇五空の中隊長、機長らを指揮所前に集め、攻撃目標、攻撃方法について説明を行なった。その内容は、敵を発見した場合、太陽を背にしないよう北から南に向けて突撃に移ること、視界が暗くなるにつれ、発見が近距離になるので、出会い頭でも直ちに魚雷を発射できるよう、予め高度を下げておくこと、薄暮は距離を誤認しやすいのでここぞと思ったところからもう一歩踏み込め、中隊長は突撃直前まで編隊灯のみ点けて、後続機の目標とせよ、などだった。

そして少佐は松田上飛曹に冒頭の「自分の機が照射されたら、その明かりを目標に敵を撃て」という言葉を掛けたのである。

初の夜間雷撃

攻撃部隊は鈍足の七〇一空の九六陸攻一六機が先発し、その三〇分後に七〇五空の一式陸攻一六機があとを追った。離陸は午後〇時三十五分。途中、イザベル島南方で一式陸攻は九六陸攻を追い抜く。午後四時三十五分、触接機が敵艦隊の正確な位置をサンクリストバル島南方、針路三〇〇度、速力一五ノットと伝えてきた。その報告に対し、中村少佐は予想会敵地点の南一五カイリを変針地点とし、その五〇カイリ手前から高度を海面すれすれまで下げた。

「予め夜間の雷撃では海面が見えにくいことを想定し、海面に激突しないように変針地点付近で高度計を合わせると言われていました。指揮官機が海面すれすれまで降りて、副操が五メートルと書いた黒板をこちらに見せました」。発進地点のブナカナウは標高が一五〇メートルほどある上に、大気高度計は特に南方では狂いやすい。そのため指揮官機は攻撃直前に高度計を調整させたのだった。

高度計を調整して間もなく、暗闇の中に白い航跡が浮かび上がった。午後五時十分すぎのことだ。編隊は敵の後方二〇〇〇メートルを直角に横切った。五時十六分九〇度変針、高度を下げる。さらに数分後直角に変針すると同時に突撃が下命された。時に五時十九分のことだった。

松田上飛曹機は指揮官機の左をやや遅れながら、敵艦に向かって突き進んだ。前方には夕焼けのオレンジ色の中に敵艦の艦影がくっきりと浮かんで見えた。後方は列機も見えないほどの暗さである。敵の対空砲火はない。完全な奇襲だ。右前方にいる指揮官機が大きなヤグラマストの戦艦とおぼしき艦に向かうのを見て、松田上飛曹はその隣の艦に狙いを定めた。指揮官機は目標まで八〇〇メートルの地点で魚雷を投下、前部砲塔の上をすれすれに飛び越して直進退避していく。そのころから対空射撃が始まった。

一番機が探照灯に照らされることはなかった。松田上飛曹機は魚雷を投下する少し前から激しい対空砲火の洗礼を受けた。ホースで水を撒くような激しい弾幕だった。敵艦との距離が一〇〇〇メートルを切ったところで魚雷投下。後ろを振り返る余裕もなく、左旋回しながら戦艦の艦尾を通過した。

「それまでは決死の覚悟でしたが、魚雷を落とした後は生きて帰りたいという思いがこみ上げてきました。必死でエンジンをふかして戦場を離脱したのです」。

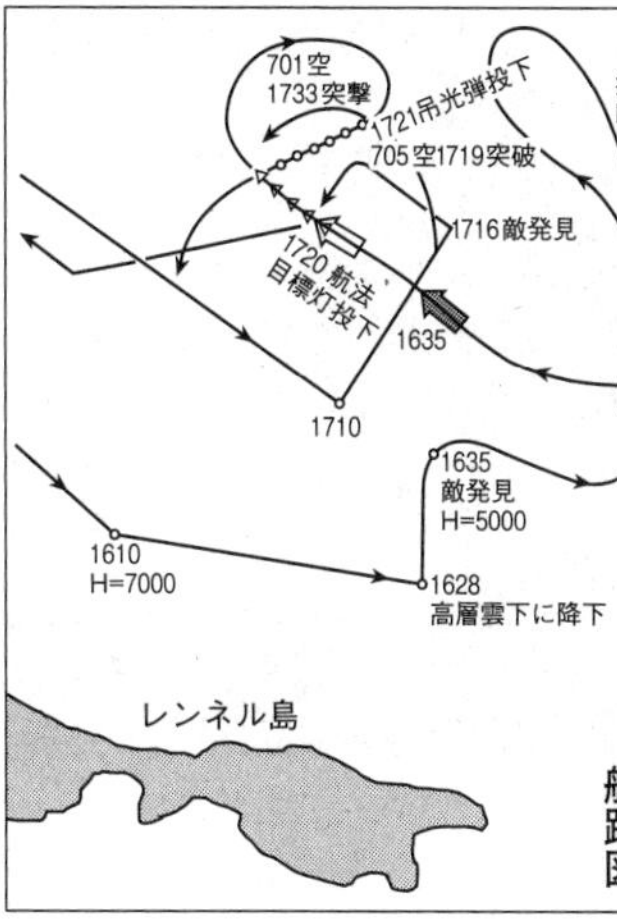

レンネル島沖海戦航跡図

モリソンの『太平洋海戦史』によれば、先頭機は駆逐艦ウィラーに向かって魚雷を投下、次の機は巡洋艦シカゴの後方の駆逐艦ルイスビルを雷撃したとされる。それから推定すると、松田機が雷撃したのはルイスビルかもしれない。

七〇五空の突入とほぼ前後して触接機が吊光弾六発を投下、一〇〇〇万燭光の灯りに米艦隊はくっきりと浮かび上がった。この灯りと対空砲火によって敵艦隊の位

米重巡シカゴ。同艦は夜間雷撃で大破した後、翌30日、七五一空の陸攻によって撃沈された。

置を確認した七〇一空の九六陸攻は、五時三十三分、突撃を開始した。この時、二中隊長を務めていた近藤計三中尉は、指揮官機の檜貝大尉機が編隊灯を点滅させながら先行するのを見た。しかしそのあとは激しい弾幕と照明弾の消えた闇の中で、曳痕弾の束に向けて魚雷を発射するのが精いっぱいだったという。

七〇一空はこの攻撃で指揮官・檜貝少佐機が自爆した。列機によれば指揮官機は黒煙を吐きつつ、敵艦の艦橋に体当たりしたという。七〇五空と七〇一空の一連の攻撃により、ギッフェン提督は進撃を断念、引き返した。二十六航戦は両部隊の戦果報告を総合し、戦艦二隻撃沈、巡洋艦二隻撃沈、戦艦、巡洋艦各一中破と上申した。米側の記録によれば、重巡シカゴが二本の魚雷を受けて大破したものの、それ以外の被害はなかったとされる。

七〇一空の檜貝少佐は二階級特進し、全軍に布告された。この海戦は松田にとって大戦中、もっとも印象深い戦いとなった。

信じられない悲劇

ところがそのわずか四日後に悲劇が訪れる。在ラバウルの第十一航空艦隊は、レンネル島沖海戦で米軍に痛打を与えたものの、ソロモン諸島周辺にはまだ空母を伴った機動部隊がいると踏んでいた。果たして二月二日昼前、ルッセル島付近に巡洋艦を含む敵艦隊の発見が索敵機から報じられ、艦隊司令部は七〇五空に薄暮雷撃を命じた。この日はレンネル島沖海戦で負傷した中村少佐に替わって飛行長の三原少佐が攻撃隊を直卒した。松田上飛曹はこの日も指揮小隊の二番機として飛んだ。出撃前、司令の小西大佐と三原少佐は、会敵予想地点が遠く、この時間からでは薄暮攻撃に間に合わないと、攻撃の取り止めを航空戦隊司令部に進言したが、聞き入れられなかったという。

実は一月二十三日にも三原少佐は攻撃部隊一八機を率いて出撃したのだが、敵を見つけられず、帰投しようとしたところ、艦隊司令部から「発長官、極力捜索、攻撃せよ」と折り返しの電文を受け、燃料の続く限り索敵を続行した。しかし結局は敵を見つけられず夜半に基地の戻ったのだが、少佐は指揮官としての力量を疑われた、とひどく傷つき、かつ憤っていたという。

二月二日も一四機を率いて午後十二時四十分にブナカナウを離陸した攻撃部隊は予測地点に向かったものの、敵影を認められず、付近一帯を燃料の続く限り捜索したが果たせず、帰投針路についた。

そのうち天候が悪化、しかも日没となり、編隊は辛うじて編隊灯と排気炎で列機が確認できる程度。ラバウルまであと六〇カイリと近づいたセントジョージ岬付近まで来たときだった。「高度は二〇〇〇メートルくらいでした。前方に積雲が立ちはだかっていて、このままでは突入してしまう。指揮官機から分離して雲を回避するか、そのまま突っ込むかの二択でした。一瞬、躊躇してそのまま指揮官機について行きました。二番機は絶対に一番機から離れるな、と前々から叩き込まれていましたから」。

松田の回想だ。

その時、後方にいた二小隊長機の岡田平治中尉は、必死に一小隊に向かって「雲に突入するぞ」と発光信号をうった。しかし合図もむなしく一小隊は雲間に消えていった。

「雲に突っ込んだのはあっという間です。雲の中は気流が乱れていて、激しく機体が揺さぶられました。操縦桿を強く握りしめた直後のことです。ガンッという強い衝撃を受けました」。一番機と空中接触したのだった。右発動機のプロペラが一番機の垂直尾翼を叩いたのだった。そのまま松田機は機位を失い、急角度で降下し始めた。一〇〇〇メートル以上降下したところで上飛曹はなんとか機体を引き上げることに成功した。右のプロペラは歪んだのか妙な音を立てている。まず魚雷を棄て、推測航法でブナカナウを目指した。

松田機が接触事故を起こした頃、ブナカナウ上空は雨雲が低く垂れ込め、視界はゼロ、物凄い豪雨だった。そのうち基地上空を通過する爆音が聞こえ、地上から「爆音、基地上空を通過」と打電したが、応答はなかったという。ようやく二中隊が午後七時五十分に、三中隊が八時五十分に戻ったものの、一中隊は二機が戻っただけだった。出撃した一四機中、三原少佐機を含む六機が失われ、四〇名余りの搭乗員が戦わずして命を落とすという大惨事となったのだった。七〇五空の飛行隊指揮所ではその悲報に重苦しい空気が充満した。

松田上飛曹は自分の拙い操縦技術のせいで三原少佐を死なせてしまったと自分を責めた。戦友たちはそんなことはないと慰めてくれたが、このことはその後、ずっと松田上飛曹の心に深い影を落とした。「なぜあの時、一番機は雲に突っ込んだのか、一番機の操縦員は操縦練習生出身の高村信蔵中尉で、彼のようなベテランがそんなミスをするのかとずっと疑問に思い続けました」。

しばらくして再び松田上飛曹の名前は搭乗割に出るようになった。ポートモレスビー爆撃、ラビ攻撃、ルッセル島攻撃……。

四月には米軍の進攻を押しとどめるため、山本五十六長官が陣頭指揮をして「い」号作戦が行なわれた。作戦終了直後、旧知の小谷立飛曹長が山本長官機を操縦して戦死するという事件も起きた。

しかしレンネル島沖海戦と三原少佐機との衝突事件以上に松田の胸を揺さぶる出来事は起きなかった。戦友たちが「墓場」の向こうに消え、自分だけが栄養失調となりながら、幽霊のように生き延びている。そして七〇五空がラバウルに進出してから一年余り経った十八年九月五日、七〇五空はテニアン島に後退し、戦力の補充・再建を行なうことになった。松田三郎は九月十八日付で、新竹空に教員として転勤の辞令が発令された。

四．ある主計中尉の見たラバウル航空戦

山村俊夫《やまむらとしお》主計中尉がラバウル港に第二十六航空戦隊付の輸送船「慶洋丸」で到着したのは昭和十七年八月二十四日のことだった。八月七日、サイパン島のアスリート飛行場から空路ラバウルに向かう池田拡己大尉の指揮する九機の一式陸攻を見送ってからすでに二週間余りが経っていた。その中には天野二飛の姿もあったはずだ。

山村中尉はすぐにでもラバウルに馳せ参じたかったが、庶務主任という仕事柄、サイパンで基地物件や糧食などを積載し、対潜警戒の之の字運動を繰り返す輸送船に揺られながら、ようやくラバウルに着いたのだった。

昭和17年5月、海軍経理学校を卒業した直後の山村俊夫主計中尉。

ラバウル港から部隊の展開するラバウル西飛行場と呼ばれたブナカナウまではトラックで三〇分近く掛かる。舗装されていない山道を揺られながら山の上にある飛行場に着くと、中尉は壊れた機材がそこかしこに転がっている荒れ果てた光景に驚いた。第一陣で出撃した池田大尉たちが大きな被害を受けたことはすでにサイパンで聞いていたが、進出した二六機の陸攻のうち、九機がす

ブナカナウに作られた士官宿舎。前庭に芝生が植えられ、清潔な雰囲気だったという。

でに失われ、六〇名以上が戦死したことを聞かされ、ひどく衝撃を受けた。その中には池田大尉や畦元一郎大尉ら分隊長も含まれていた。ついこの間までガンルーム（士官次室）で親しく接していた彼らの死に、中尉の心は痛んだ。

海軍短現士官、最前線部隊へ

山村俊夫中尉は大正四年一月十四日、静岡県静岡市西深草に生まれた。旧制静岡中学時代は野球部のキャッチャーで四番、主将を務めたスポーツマンだった。東大法学部政治学科に進んだ後、第八期短期現役の士官として海軍を志願、海軍経理学校を昭和十七年五月二十日に卒業した。

短期現役士官（短現《たんげん》）とは、海軍で大学卒業者に対し二年を期限に採用した士官で、主計以外に軍医科、法務科、技術科などがあった。経理学校卒業時に配属先の希望を問われ、「最前線航空基地」と答えた中尉は、いったん霞ケ浦航空隊に配属された後、

サイパン島に進出する三澤空陸攻隊。まだ迷彩が施された旧鹿屋空の機材も交じっている。

希望通り木更津基地で錬成中の三澤海軍航空隊に着任することになった。

着任したのは七月八日。着任早々、三澤空はいずれフランス領のニューカレドニア・ヌーメアに進出して米豪を分断、豪州を占領するという軍機書類を読み、その作戦の壮大さに驚いた。

着任の三日後、三澤空はサイパン島に進出することになった。菅原司令の「皆、気を付けて行くように」という至極あっさりとした訓示を受け、中尉は指定された陸攻に乗り込んだ。

サイパン島は元々ドイツ領だったが、第一次世界大戦の結果、日本が隣接するテニアン島とともに信託委任統治することになった。国際連盟との協定で、これらの島嶼には軍事基地は作らないという取り決めがあったが、日本はサトウキビの乾燥場という名目で飛行場を作っていた。この地で三澤空はサイパン島に入港してくる輸送船めがけて雷撃訓練をしたり、高高度の編隊爆撃などの訓練を集中して行い、前線への出撃準備を行なった。そしてその日は一カ月足らずで訪れた。

連合軍、ガダルカナル島に上陸

先に述べたように、昭和十七年八月七日、米軍は大挙してガダルカナル島に上陸した。当日、爆装で四空の一式陸攻が輸送船団の攻撃に向かったのと同時に、三澤空も先遣隊をラバウルに出撃させることが決まった。池田拡己大尉が指揮する第二中隊九機は、同日午後、サイパンからラバウルに向かった。

翌八日、池田中隊は四空の陸攻と協同してルンガ沖の輸送船団攻撃に向かったが、指揮官機、天野二飛の乗る一小隊二番機を含む六機が撃墜され、一機が帰投時不時着、基地に戻ったのは二機のみだった。

さらに翌九日、一中隊、三中隊の一七機が森田林次大尉の指揮の下、ガダルカナルに向かい、重巡一隻に魚雷二本を命中させたと報じたものの、二機を失う。

戦場の人間模様

庶務主任を命じられた山村中尉の仕事は多岐にわたった。糧食の手配はもちろんのこと、兵舎の建設、行動調書や戦闘詳報などの公的書類の管理、戦病死者の遺品の整理・送還、慰安所の管理などもある。そこでは様々な人間模様を見ることにもなる。飛び立って二時間くらいすると手足がしびれて操縦桿が握れないと言って帰ってきてしまう操縦員や、出撃の前に女が抱きたいという者まで、様々な連中がいるのだ。

中でも山村中尉の心に深く刻まれた上官がいる。猛将と呼ばれた三原元一少佐だ。昭和十七年十一月一日付で海軍航空隊は再編され、作戦部隊名は番号に改められた。三沢や木更津など、地名を部隊名に冠しているとその部隊の原隊がどこか、敵にもすぐ知られてしまう。そのため秘匿の意味もあって、部隊名を三桁または四桁の数字で表すことにしたのである。陸上攻撃機の部隊は頭に「七」の数字を冠することになり、三澤空は七〇五空と改称された。

ラバウル指揮所に於ける三原少佐（右側）。

テニアンで休養中の七〇五空搭乗員が、野球に興じる。

その直前の十月二十六日、三原少佐が飛行長として着任した。山村中尉は三原少佐が支那事変の功績により金鵄勲章を授与された猛将と聞かされており、陸攻で着任する際、出迎えに行った。ところが少佐の第一声は、「おれが三原だ。しっかりやれ」というごく簡単なもので、激越な口調を想像していただけに拍子抜けした。しかし少佐は二十九日に行なわれたガダルカナル島への物資投下では、自ら陣頭に立ち成功させた。普通、飛行長が物資投下などの作戦に同乗することはまずない。隊内に新しい風が吹いたように中尉には感じられた。

八月から十一月のほぼ四カ月間を全力で戦った七〇五空は戦力の回復と錬成の

ため、十二月二日、テニアンにいったん後退する。約一カ月後にわたる訓練と休養の後、十二月三十一日、再びラバウルに戻ることが決まった。

その前日、三原少佐は山村中尉を呼びつけ、「主計中尉、サイパンに全機で出かけ、一夜痛飲する。ビールその他、士官、下士官それぞれのレス（料亭）に準備させておくように。そのために事前に主計中尉のために一式陸攻をとくに出す」と命じた。明日になれば激戦地に再出陣する部下のために下された横紙破りな命令に、中尉は困惑しつつも大いに張り切ったという。

ラバウルに戻って間もなく、ガダルカナル島からの日本軍撤退が決まった。ちょうどそのころ、中尉は三原少佐とラバウル市街で酒を飲み、二人でブナカナウまで帰った。真っ暗な、密林の中を車で走りながら、泥酔した少佐は珍しく故郷のことを語ったが、決して妻女のことには触れず、もっぱら前年の三月に生まれた娘さんのことばかり話していた。

その直後の一月二十九日、海軍初の夜間雷撃戦となったレンネル島沖海戦が行なわれた。この海戦では三原少佐とともに海軍陸攻隊の至宝と呼ばれた七〇一空の檜貝襄治少佐が九六陸攻で戦死した。檜貝少佐は、暗夜列機を自らの編隊灯で誘導しながら、敵の集中砲火を浴び、戦死したという。七〇一空とは戦闘指揮所が近く、山村中尉は檜貝少佐ともよく食事をともにしたが、柔和、寡黙で白皙、温和な性格は三原少佐とは正反対に見える人であった。その少佐が先陣を切って味方を誘導、戦死したと聞き、あの華奢な少佐のうちに秘められた闘志に中尉は感動した。

檜貝少佐が戦死した直後の二月二日、今度は三原少佐が後を追うように亡くなってしまう。その日ルッセル島付近に現れた敵機動部隊を攻撃するため、三原少佐は一四機の一式陸攻を率いて発進した。偵察機の伝えてきた予想会敵地点を八時間近く捜索したものの、敵を見ず、午後八時前後にラバウル付近まで戻ってきた。ところが基地付近は悪天候で着陸が叶わず、三原少佐機を含む六機が未帰還となってしまったのである。積乱雲の中に突っ込んだ指揮官機は、雲の中で列機のプロペラで尾翼を欠かれ、墜落したのであった。まさに山村中尉にとっても、痛恨の出来事であった。

山本長官の戦死

連合艦隊司令長官山本五十六大将は、昭和十八年四月三日、ラバウルに将旗を移し、「い」号作戦を指揮した。これは空母艦載機を船から降ろし、陸上航空隊と協力してソロモン方面とニューギニア方面の敵航空兵力を粉砕しようというもので、七〇五空も参加した。作戦自体は四月十四日のラビ東飛行場爆撃で幕を閉じた。そして作戦終了後、山本長官は幕僚とともに前線の将兵を激励するために、七〇五空の陸攻二機に分乗、ブインに向かったのである。

　小谷立上飛曹が機長を務める一番機「３２３」号機には山本長官以下、樋端《といばな》久利雄《くりお》航空甲参謀、高田軍医長、福崎副官の四名が乗り込んだ。搭乗員は主操が小谷飛曹長、副操縦員は大崎明春飛長、主偵・田中実上飛曹、副偵・小林春政二飛曹、先任電信員・畑信雄一飛曹、次席電信・上野光雄飛長、搭整・山田春雄上整曹の七名。

い号作戦で訓示を行なう山本五十六連合艦隊司令長官。

　二番機「３２６」には宇垣纒参謀長、北村主計長、友野気象長、今中薫通信参謀、室井捨治航空乙参謀の五人が乗る。機長は主偵の谷村博明一飛曹、主操・林浩二飛曹、副操・藤本文勝飛長、副偵・野見山金義飛長、先電・八記勇二飛曹、次電・伊藤助一二飛曹、搭整・栗山信三二整曹らが配置に就いた。なぜ長官が艦隊司令

山本長官機の主操を務めた小谷立飛曹長。左から２人目。

部付属の輸送機を使わず、七〇五空の機体を供出させたのかはよく判らない。しかし作戦で連日のようにソロモン諸島を駆け巡り、戦場を熟知していた七〇五空の搭乗員の方が、万が一の時に安心だと判断されたのだろうか。そして巷間、知られているように、暗号解読により待ち伏せしていたP－38により撃墜され、二番機の宇垣参謀長、北村主計長、林操縦員を除いてその場で戦死してしまう。万が一の脱出劇は無かった。

　この時一番機の操縦をしていたのが乙飛四期出身の小谷立飛曹長であった。山村中尉はテニアンで小谷飛曹長の操縦する陸攻に乗せてもらったことがある。その時、沖合に味方輸送船を見つけると「模擬目標にして雷撃を行ないます」と降下肉薄した。「撃て」の掛け声とともに甲板すれすれに飛び越え、雷撃の勇壮さを経験させてくれた。快活で歯切れのよい好男子の飛曹長の死は悲しかった。

まさしく最前線の基地で戦った山村主計中尉は、十八年五月、転勤となり内地に帰ることになった。さらば、ラバウル。その後中尉は軍需省航空兵器総局勤務で終戦を迎えたが、ラバウルで見た光景、出会った人々は終生、山村氏の胸に刻まれた。

五．海老原寛二飛曹――乙飛十二期が味わった闇の戦い

夜間作戦に救われた命

海老原寛二飛曹は乙飛12期の出身。写真は新竹航空隊の練習生時代。

「僕が生き残ったのは、ラバウルで実戦に参加したのが昭和十八年四月過ぎだったからでしょうね」。

海老原寛《えびはらひろし》はそう言い切った。十八年当時、飛長になったばかりで戦局の悪化したラバウルの実施部隊に配属され、だから生き残ったのだという意外な言葉に筆者は改めてその真

意を聞いた。海老原は十八年二月末にラバウルに配属になって以降、七〇五空が九月に同地を去るまで、激戦のラバウルを生き抜いた一人である。

海老原は大正十二年九月、栃木県の真岡に生まれた。尋常高等小学校の時、中学進学を父に願い出たが、農業を継ぐようにと言われ、泣く泣く昭和十三年、県立真岡農業学校に進んだ。ところが在学中に「海軍少年航空兵」という制度があることを知り、十四年一月父に内緒で受験、一次試験を突破した。真岡市で一次を合格できたのは海老原だけだった。さすがに二次試験は父の了解を取らずに行くわけにはいかない。畳に頭を擦り付けるようにして懇願、どうにか許しをもらった。

二次試験は三月に霞ヶ浦で学科、身体検査、適正検査、面接が七日間にわたって行なわれ、不合格者が毎日帰郷させられていく。海老原は最後まで残ることができた。四月、合格通知が届き、十一月一日に霞ヶ浦海軍航空隊飛行予科部に入隊を命じられる。「それはもう天にも昇るような気持ちでしたね。嬉しくて、嬉しくて。入隊してからあんな厳しい訓練が行なわれるとは知りませんでしたから」。

搭乗員への長い道のり

昭和十四年十一月一日、海老原は霞ヶ浦海軍航空隊飛行予科練習部第十二期乙種飛

行予科練習生海軍四等航空兵となった。それからラバウルで初陣を飾る十八年四月までなんと長いことか。丙種予科練出身の天野の訓練期間とは際立って異なっている。

乙飛の特色は飛行機に乗るまでの地上座学が極めて長いことだ。いわゆる学科は、砲術、航海術、運用術、水雷術といった軍事科目以外に、数学、理化学、歴史・地理、国語・漢文、英語といった一般科目まである。乙飛十二期がこれらの科目を習得して予科練を卒業したのは十七年三月三十日のことだった。この間に十六年六月十五日、兵科呼称の変更があり、二等航空兵だった海老原は二等飛行兵となった。さらに十一月一日には一等飛行兵に進級した。四等航空兵から一等飛行兵になるまでにまる二年かかった勘定になる。その直後の十二月八日、太平洋戦争が始まっている。

十七年三月三十日、予科練卒業と同時に第二十五期飛行練習生を命じられ、谷田部航空隊に入隊。ようやく初歩練習機の操縦桿を握ることが許された。

六カ月後の九月二十日、飛練を卒業、台湾の新竹基地で大型機講習を受ける。同期生は三四人。双発大型機ということで当初は戸惑ったものの、持ち前の運動神経の良さから海老原はめきめき実力を付けていく。陸攻では単機での航法訓練や、編隊での高高度爆撃、雷撃訓練など数多くのこなさなければならない科目がある。十八年一月二十八日第二十二期大型機操縦訓練生を卒業。卒業飛行は新竹からフィリピンのニコラスフィールドまでの編隊往復飛行だった。

「死のラバウル」へ

卒業と同時にそれぞれの配属部隊が発表され、海老原兵長はラバウルの七〇五空を言い渡される。「死のラバウルと言われてましたからね。成績の悪い奴から前線送りかと観念しました。でも仲間がいたからみんな張り切っていました」。海老原は戦後そう回想している。実際はこの時、乙十二期から七人が七〇五空に配属となった。

七〇五空に配属が決まった七人は、新竹から九六陸攻に乗せてもらい鹿屋へ、そこから列車で木更津航空隊まで行った。ここで新しい軍装を貰い、それまで持っていた私物などは実家に送り返した。その後、横須賀の辺見波止場から武庫丸に乗ってトラック経由、ラバウルへ。すでに太平洋には米潜水艦が跳梁しており、それを避けるために之の字運動をしつつ航海したため、ラバウルに着いたのは二月の末だった。

「ラバウル港に入港すると、七〇五空のトラックが待っていてくれて、それに乗って三〇分くらい、南方特有の木立の中を抜け、坂を上ってブナカナウ飛行場に着きました。この時、一部の隊員は作戦のためにブカに行っていて、基地にいたのはわずかでした。まず椰子林の中の兵舎に行き、着任の申告をしたことを覚えています」。着いて間もなく、作間眞《さくままこと》特務大尉の分隊に配属されることが決まった。

作間分隊は三月八日、テニアンに後退して部隊の補充と錬成を行なうことになった。海老原飛長はサブの操縦席に座るが、一式陸攻は初めてだ。借り出した赤本と首っ引きで九六陸攻との違いを確認した。「それまで天井に付いていたスロットルレバーとACレバーが床に移っただけでもだいぶ操縦が楽になりました」。訓練の主な内容は昼間、夜間の離発着、編隊爆撃、洋上航法、雷撃訓練などだった。三月下旬、とりあえずのペアが決められ、二十九日、海老原飛長は初めて索敵に参加した。主操は北島精一一飛曹、偵察は鈴木義郎飛長、渡辺清飛長、電信が山崎淑雄一飛曹、梅田博飛長、搭乗整備員が朽木藤由一整曹という配置。午前五時十八分、テニアン島を離陸、Y1番線を飛ぶ予定だったが、六時四十分、天候不良で引き返し、午前九時にはテニアン基地に戻った。これが海老原飛長の初陣ということになる。

テニアンでは運動会も開かれ、下士官兵も休養を取った。

最後の昼間爆撃？

四月三日、ラバウルに復帰する。改めてブナカナウの飛行場に降りると、濛々と上がる火山灰、滑走路脇に転がる廃機、荒涼とした光景に昨日までのサトウキビ畑に囲まれ、のんびりとしたテニアンが夢のように思えた。

実はこの時期、連合艦隊は起死回生ともいうべき「い」号作戦を開始しようとしていた。山本五十六長官が主導し、虎の子の空母艦載機を陸上に上げ、ソロモン戦線に投入することで、航空優位を回復しようとしたのである。海老原飛長がブナカナウに戻ったのと同じ日、空母瑞鶴、瑞鳳、飛鷹から計一五九機の艦載機をラバウルに進出させ、基地航空部隊と合同して約四〇〇機でソロモン、ニューギニアの敵航空兵力と艦艇を撃滅することが企てられた。ソロモン方面の攻撃をX作戦、ニューギニア方面をY作戦とし、陸攻部隊が作戦に加わったのは四月十二日のポートモレスビー攻撃からである。この日、七五一空と七〇五空の計四五機の陸攻が零戦一三一機の掩護を受け、ポートモレスビー飛行場を爆撃した。この攻撃に海老原飛長は参加していない。

飛長が出撃したのは四月十四日のラビ東飛行場攻撃である。この日は七〇五空二六機と七五一空二七機、計五三機の陸攻が零戦五三機の掩護の下、ラビ東飛行場とミルン湾の敵艦船攻撃を行なう。指揮官は戦死した三原元一少佐に替わって着任した七〇五空の宮内七三少佐。飛長は指揮中隊三小隊三番機の副操縦員という配置になる。この時のペアは主操が河合安部彦二飛曹、主電が伊達正之祐一飛曹というベテランだ。

い号作戦で出撃する七〇五空陸攻を、地上員が旗を振って見送る。

出撃前、伊達一飛曹が河合二飛曹に「敵機が来たら肩を叩くから」と打合せしているのを飛長は聞いた。

午前八時二十五分、ブナカナウを離陸した七〇五空の一式陸攻二六機は、二時間半ほど後の十一時二十分、ラビ上空に達した。突撃が下令された直後、機長席に座って後上方を凝視していた伊達一飛曹が力いっぱい河合二飛曹の肩を叩いた。その刹那、河合二飛曹は一気に操縦桿を前に倒し、機を急降下させた。操縦員はベルトで体を座席に固縛しているからよいが、銃座に就いていた搭乗員は振り回されないよう、必死で機銃にしがみついている。P－40数機が猛スピードで陸攻の編隊の間を縫い、駆け抜けて行った。かろうじてエンジンや燃料タンクに被弾はなかったものの、搭乗整備員の渡辺勝一整曹が片腕を撃ち抜かれた。

伊達一飛曹は後上方を監視、敵戦闘機の軸線に入る直前、河合二飛曹に指示を出して機体を急降下させ、被弾を避けたのだった。七〇五空ではこの回避方法が励行されていた。攻撃部隊はおよそ四〇機のP－40、P－39、P－38に襲われ、空戦運動に入ったため隊形が乱れ、中隊別に目標を選んで投弾せざるを得ず、効果的な爆撃ができたとは言い難かった。この攻撃で陸攻三機が撃墜され、二二名の搭乗員が戦死、それ以外に重傷者三名、軽傷者一名が出た。戦果は七五一空がミルン湾で輸送船四隻を撃沈、四隻を大破、七〇五空が飛行場施設に大被害を与えたとされた。

攻撃部隊は午後二時十五分、ブナカナウに戻ったが、渡辺一整曹は着陸と同時に第八海軍病院に搬送され、そこで左腕を切断された。その話を聞いて海老原は、「ああ、これで渡辺さんは内地に帰れる。自分も負傷するか戦死しない限り、内地には帰れないだろう」。と思ったという。この戦いを最後に、大規模な編隊での昼間爆撃は行なわれなくなり、以降は少数機による夜間爆撃が攻撃の主流となった。

前進基地への進出

四月十九日、海老原飛長の分隊はブーゲンビル島北部にあるブカに進出した。ブカはバラレやブインとともに、日本軍がラバウルとガダルカナルの間に設定した前進基地である。進出した翌日の二十日から索敵任務が命じられた。この時期のペアは主操が北島精一一飛曹、副操・海老原、主偵・二川政雄飛長、副偵・渡辺清飛長、電信・山中包雄二飛曹、主搭整・渡辺安二上整曹、藤枝義治上整といった面々だった。二川飛長は海老原と予科練で同期、偵察は実施部隊への配属が早く、ラバウルの七〇一空にすでに十七年の年末に着任していたが、同部隊が十八年三月十五日付で解隊し、七〇五空に転勤してきたのだった。ブナカナウ内の「ブイ・ツー・ブイ」である。海老原は気心知れた同期生とペアを組めたことが嬉しかった。

索敵はブカ島を基点として六〇〇カイリほど進出し、側程を五〇キロほど飛び、折り返してくるいわゆる扇状哨戒である。索敵線は発進基地によって異なるが、ブカからは三ないし四本だった。飛行時間は八時間前後、最初は緊張して目を見開いて水平線を凝視しているが、次第に疲れてくる。特に機上で昼食を取った後は、眠くてしょうがなかったという証言がある。

二十日の索敵は午前五時十五分にブカを離陸、Ｂ４番線を飛んだが、敵影を見ることなく午後一時三十分、ブカに戻った。

この後、海老原飛長は二十二日、二十四日も索敵を行なうが、いずれも敵を発見することはなかった。ところが二十六日、C1番線を飛んだ海老原機は基地を発進して三時間半余り経った午前八時五十分、大型輸送船と駆逐艦各一隻を発見、爆撃針路に入り、八時五十五分に搭載していた六〇キロ爆弾を投下した。突然の攻撃に敵も慌てたのか、対空砲火は無かったと記憶する。ただ爆撃効果は不明、午後一時二十分ブカに戻った。

この日の索敵を最後に、海老原飛長の分隊はブカを引き上げ、ブナカナウに帰った。二十七日には部隊は一部を残し、テニアンに移動、戦力の補充と編成訓練を行なうことになった。内地からは新機材が到着し、新顔の搭乗員もやってきた。海老原は五月一日で二飛曹に進級、ラバウルに到着してからまだ二カ月ほどしか経っていないが、ずいぶんと戦争をやったような気がした。訓練の合間にはトラックで島西部にある繁華街に行き、寿司屋に行ったりした。慰安所もあったが、海老原は行かなかった。

この時期、いったん戦力回復のために内地に戻っていた二十五航戦麾下の七〇二空(旧四空)が、再建なってラバウルに再進出することになり、五月十日、五〇機の七〇二空陸攻がブナカナウにやってきた。七〇五空にとっては大きな助っ人の到来だった。

いた。

ガダルカナル島への夜間爆撃

七〇五空のテニアン島での編成訓練は二週間余りで終わり、部隊は五月十三日、ラバウルに戻った。すでにブナカナウには七〇二空が進出してきており、活気に溢れていた。

ラバウルに戻ると同時にガダルカナル島への夜間爆撃が開始された。海老原二飛曹が出撃を命じられたのは十八日。一三機の陸攻が二回に分けて、ガダルカナル飛行場を爆撃する。第一次攻撃隊は板倉薫大尉が率いて午後二時二十分発進。第二次攻撃隊は野村眞二中尉が指揮し、十七時五十分、ブナカナウを離陸した。海老原二飛曹は二中隊三小隊二番機の副操縦員だ。搭載爆弾は二十五番一発に六番四発。途中エンジン不調で二機が引き返したものの、残りの機はそれぞれツラギやルッセル島の軍事施設に投弾して帰投した。海老原機も午後九時五分、ガダルカナル第一飛行場を爆撃、午後十一時三十分にブナカナウに戻った。「編隊はガ島手前で分離して、単機で目標上空に進入、探照灯の照射をかわして爆弾を投下しました。対空砲火もありましたが、夜間は炸裂する煙が見えないので、音だけで不気味でした。ただ夜間爆撃では照準も正確にできないし、こんな爆撃で成果が上がるのかと疑問に思いましたね」。最初の夜間爆撃を海老原はそう回想する。

次の二十三日の夜間爆撃はブカ基地から発進。ガダルカナル飛行場を狙い、大火災が上がるのが確認できた。しかし対空砲火は熾烈で、敵は夜間でもレーダーで照準して撃ってくると言われた。

五月二十六日、二飛曹は内地に新機を受領しに行くように命じられた。ただちに両親に連絡、木更津の旅館で再会できた。二飛曹はこれが両親と会う最後だと覚悟したという。

ラバウルに戻ってから、海老原二飛曹の作戦行動は、昼は索敵哨戒、夜は爆撃というパターンになった。夜間爆撃は編隊で出撃することもあるが、爆撃は単機で照準して行なう。かつてのような指揮官機の爆弾投下に倣って列機も投下する編隊公算爆撃は無くなった。

六月十五日、前進基地のブカに進出。十八日、十九日と索敵任務。二十三日、バラレに移動、索敵任務。バラレはブーゲンビル島南東にある小島で、島の中央に滑走路があり、それを取り囲むように掩体壕や兵舎があった。

戦場は中部ソロモンへ

　二十五日、二十七日とバラレより索敵を行なう。ところが六月三十日午前零時過ぎ、バラレは連合軍艦艇から艦砲射撃を受け、在地していた機体や兵舎に被害が出る。この日、連合軍は中部ソロモンと東部ニューギニアへの進攻を開始、レンドバ島とナッソー湾への上陸を開始した。レンドバ島はバラレから指呼の距離である。翌七月一日、バラレから索敵が行なわれる。海老原二飛曹は五日も索敵に出たが、索敵帰投後、B-17による空襲を受けた。B-17は数波にわたって来襲、時限爆弾を含む徹底的な爆撃によって、在地していた陸攻は大きな被害を出した。ラバウルから整備員の応援を受け、辛うじて修理可能な機体をかき集め、海老原二飛曹もブナカナウに引き上げた。

前進基地のバラレは滑走路以外、何も設備がなかった。ジャングルの中の燃料給油車。

　ラバウルへの間合いを刻一

刻と狭めてくる連合軍に対して、日本軍の陸攻の戦力は七〇五空と新たにラバウルに進出してきた七〇二空、それとカビエンからラバウルに転進した七五一空（旧鹿屋空）の三個航空隊のみだった。

索敵と夜間爆撃に終始していた海老原二飛曹に久しぶりに昼間爆撃の任務が命じられた。連合軍が上陸したニュージョージア島エノガイ陣地に対する攻撃である。同島では日本軍守備隊が孤軍奮闘しており、それに対する支援であった。七月十一日、板倉薫大尉の指揮する九機の一式陸攻は午前六時四十分、ブナカナウを離陸した。各機二五〇キロ爆弾二発と六〇キロ爆弾四発を搭載している。海老原の乗る機は三小隊三番機。いわゆる「カモ番機」である。九機の陸攻隊は午前九時五十分戦場に到達し、爆撃を実施。久々の編隊による爆撃だ。爆弾は全弾、敵陣地に命中した。その直後、P－38一五機が襲い掛かってきた。定石通り、編隊を緊密に組み、連携して射弾を送り込む。味方一機が撃墜されたが、敵も四機を撃墜したと判断された。

しかしこの後は再び夜間爆撃に徹する。七月十四日、レンドバ島を夜間爆撃、七月十六日ガダルカナル島夜間爆撃、七月二十一日レンドバ島、ルビアナ島夜間爆撃、七月二十五日レンドバ島およびバウ島夜間爆撃といった具合だ。いずれも二ないし四機が出撃し、バラバラで目標に対する爆撃を行なう。

ソロモン・ニューギニア方面要図

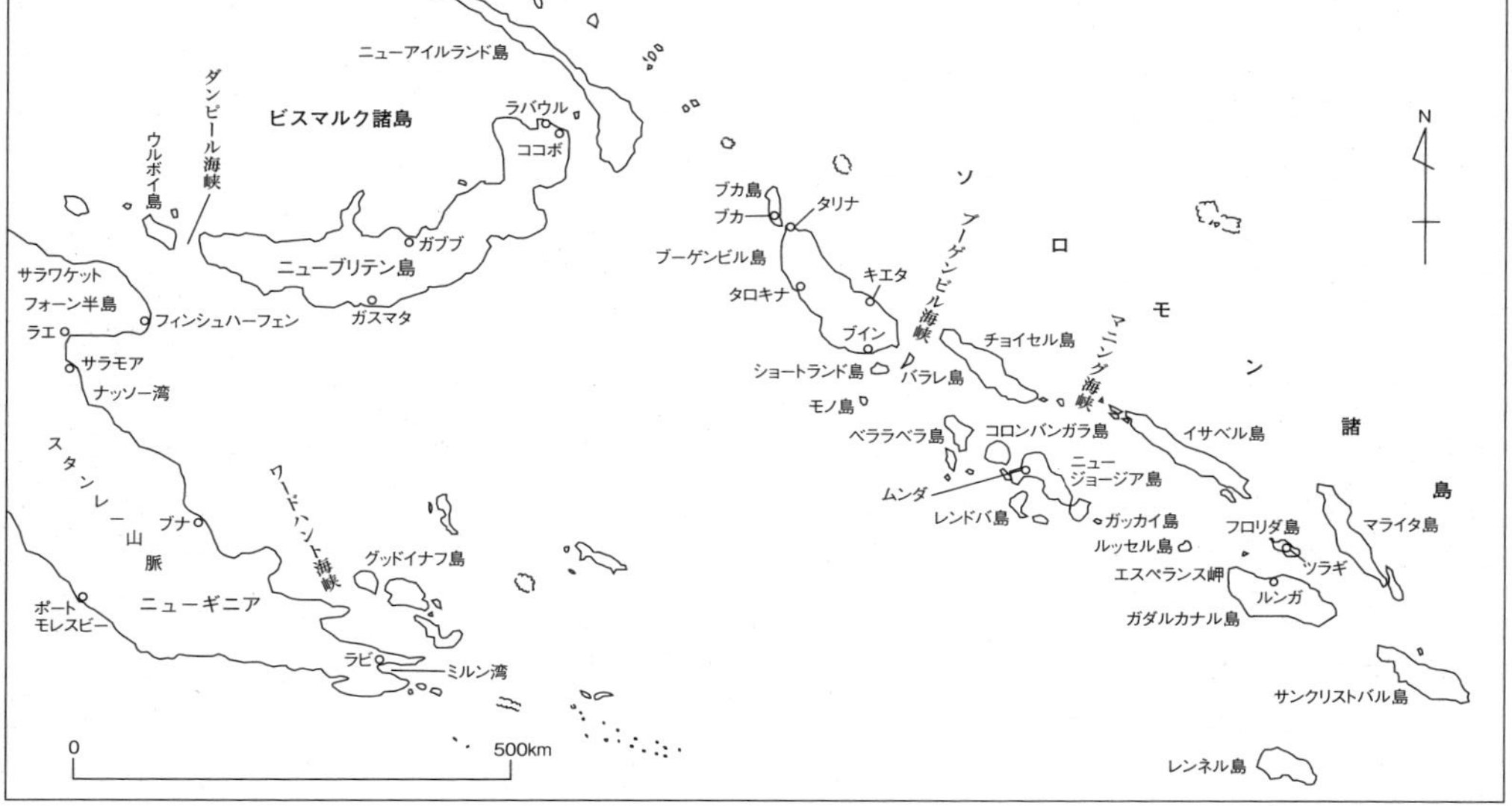

二十八日、海老原二飛曹の中隊はブナカナウからブカに前進を命じられ、ブカから索敵を行なうことになった。八月一日、四日、七日、十日と索敵を実施した後、十二日にはルッセル島飛行場の夜間爆撃を命じられた。十四日にはガダルカナル島飛行場の夜間爆撃。この日は五機がバラバラでガダルカナルに向かった。この日の作戦で記憶に残るのは、初めて敵のレーダーを攪乱するための錫箔片を散布したことだ。敵は夜間でも電探を使って、こちらの位置、高度を正確に読んで、初弾から至近弾を撃ち込んでくる。また探照灯も電探と連動して照射してくるという。探照灯に捕まると夜間でもP－38に襲われる危険性があった。この日は錫箔片のせいか、探照灯に捕まることもなく、飛行場付近に全弾を投下、火の手が上がるのが確認された。

十七日、十九日は索敵。この索敵を終えて、海老原二飛曹はラバウルに帰還した。三週間ぶりに帰ってみると、ブカに比べてラバウルは大都会に思えた。

息つく間もなく二十二日、二十四日はブナカナウからガダルカナル島に対する夜間爆撃を実施。二十六日、三十一日は再びブカから索敵を実施。九月三日はブナカナウから索敵を行なった。

九月四日、七〇五空はテニアンで部隊の補充・再編成を行なうということで、基地移動した。海老原二飛曹はテニアンで錬成後、再びラバウルに進出するのだろうと思っていたが、その機会は二度と訪れることはなかった。二飛曹を含む二個中隊は、マーシャル派遣隊としてタロアに移動、そこから索敵を行ない、一カ月後の十月六日、テニアンに復帰。そこで二飛曹は豊橋海軍航空隊への転勤を命じられたのだった。また十月十五日付をもって、七〇五海軍航空隊は第十一航空艦隊第二十六航空戦隊の下を離れ、第十三航空艦隊第二十八航空戦隊に編入された。七〇五空は南西方面作戦に参加することになり、二度とラバウルの地を踏むことはなかった。

七〇五空がラバウルを去った後もブナカナウに残された「ラバウル航空隊」の戦いは続いていた。七〇五空がテニアンに後退した替わりに、二十五航戦麾下の七五一空と七〇二空はともに十一月一日に始まる第一次から第五次までのブーゲンビル島沖航空戦を戦い抜いた。これが陸攻隊のソロモン方面における最後の集団的戦いとなった。両部隊とも過半の戦力をこの戦いで喪失、七〇二空は十二月一日付でラバウルで解隊され、七五一空は十九年二月、米軍のトラック島空襲の直後、ブナカナウを去った。

一方、七〇五空は十一月にはスマトラ島サバンに移動、インド洋方面の索敵哨戒に当たった後、十二月にはイギリス軍の掣肘のためのカルカッタ爆撃が命じられ、部隊の一部はトングーからカルカッタ軍事施設の爆撃を行なった。

十九年三月の空地分離に伴い、七〇五空からは陸攻隊が削除され、艦攻隊に再編成された。陸攻隊としての七〇五空は消滅した。しかし一年以上にわたりソロモンで戦い抜いたもうひとつの「ラバウル航空隊」の戦歴は忘れ去られることはない。

海軍航空を震撼させた三日間

渡洋爆撃始末

1937.7 − 1937.8

爆弾を投下した直後の九六式陸上攻撃機一型。一型の特徴である垂下筒と呼ばれた下方銃座が目一杯引き出されており、戦闘警戒態勢であることがわかる。

いまから八十年余り前の昭和十二年八月十五日、東京朝日新聞の号外は、次のように報じた。

我海軍機長躯南京へ　空軍根拠地を爆撃す　敵に甚大な被害を与う

【上海十五日発同盟】支那空軍は（中略）南京に主力を集結攻撃準備中との報に我海軍機は長躯南京を襲撃、午後二時から三回に亙り南京附近支那空軍根拠地に多大の被害を与えた

これは八月十四日に台湾の台北から発進した鹿屋海軍航空隊（以下、鹿屋空）の一八機の九六式陸上攻撃機（以下、九六陸攻）が中国大陸の杭州と広徳を爆撃したことを報じる記事である。これが後に渡洋爆撃として喧伝される空爆作戦の始まりであった。

翌十五日、九州の大村基地からは、木更津海軍航空隊（以下、木更津空）の九六陸攻が南京爆撃を実施、その模様は新聞に「荒天の支那海を翔破・敵の本拠空爆」と報じられ、この攻撃が日本の領土から海を渡って行なわれたことが明らかにされた。

ところがこの作戦は開始からわずか三日で想像しなかった多数の未帰還機と戦死者

を出し、戦術の変更を余儀なくされてしまう。国内での勇ましい掛け声とは別に、実際の戦場では何が起こっていたのだろうか。

艦隊決戦の虎の子を奥地爆撃に転用

この長距離爆撃に使われた九六陸攻は、前年昭和十一年六月に制式採用されたばかりの最新鋭機だった。全金属製、単葉、双発、引込脚を持ち、最高速度は高度二〇〇〇メートルで一八八ノット（約三四八キロ／毎時）、航続距離は正規満載で二三八〇カイリ（約四三八〇キロ）という当時の水準を超えるものだった。

九六陸攻が採用された時点で、海軍の主力戦闘機であった九五式艦上戦闘機は羽布張りの複葉で、七・七ミリ機銃二挺装備。九六陸攻に一撃をかけられたとしても、二撃はできず、七・七ミリ機銃は射角が三〇度以内であれば、金属製の機体では跳弾となってしまうと言われた。

そのため九六陸攻は万能機だと持ち上げられ、海軍部内では「戦闘機無用論」が唱えられた。その誕生したばかりの最新鋭機を、海軍は本来の目的である艦船攻撃ではなく、陸上の奥地爆撃に使用することにしたのだった。

土屋誠一二空曹は操練17期の出身だった。

慌しい実戦準備

実戦参加への準備は七月七日、盧溝橋で日中両軍の衝突が勃発した直後から粛々と進められていた。後に木更津空による南京第一撃に参加した土屋《つちや》誠一《せいいち》は、盧溝橋事件の勃発から、前進基地・大村への出発を次のように回想している。土屋は操縦練習生十七期出身で、当時二等航空兵曹（以下、二空曹）だった。

事件の翌日八日早朝、土屋二空曹ら木更津空陸攻隊は木更津を出発、九州沖で連合艦隊に対し雷撃訓練を行なった。九時間余りの飛行を終えて基地に帰還すると、分隊士から事変勃発が伝えられた。同時に出撃準備の命があり飛行作業は一切中止、外出止めになった。

この時点で九六陸攻には陸用の爆弾架は付いておらず、照準器も未装備、射撃塔の機銃も設置されていない。クルシー無線帰投装置が搭載されることになり、木更津には横須賀海軍工廠から工員が大挙してやってきて、夜通し格納庫内で作業を行なった。

同じ騒ぎは鹿屋でもおきていて、鹿屋の工廠でも九六陸攻の実戦向けの改修が大車輪で行なわれた。

一通りの準備が終わると、射撃訓練が毎日のように繰り返された。それまで実弾を込めた射撃訓練などほとんど行なわれていなかった。鹿屋空の酒井《さかい》角一《かくいち》二等航空兵（以下二空・偵察練習生三十三期）は、垂下筒《すいかとう》での射撃訓練を何度も行なったが、なかなか吹き流しに命中弾を与えることはできなかった。

現場での慌しい準備と並行して、海軍は航空部隊の編成を行なった。中攻部隊に関しては木更津空と鹿屋空を統一して運用できるよう、第一連合航空隊（以下、一連空）を事変四日後の七月十一日に編成、司令に館山空司令・戸塚《とづか》道太郎《みちたろう》大佐（兵三十八期）を発令した。

鹿屋空の酒井角一二空は偵察練習生33期の出身。

八月八日、支那方面を管轄する第三艦隊から一連空各隊は前進基地への進出が命じられた。鹿屋空は台湾の台北・松山飛行場に、木更津空は九州の大村航空隊に前進することが下令されたのである。

木更津で編成された第一連合航空隊の幹部。前列中央・戸塚道太郎司令官。

大村基地への進出に当たって、木更津空のハンガー前で搭乗員が訓示を受ける。

この日、木更津空は軍令部総長・伏見宮博恭王の見送りを受け、指揮官機に司令・竹中龍造大佐が搭乗し、四時間四〇分の飛行で無事、全機二〇機が大村飛行場に降り立った。大村航空隊は昭和十二年当時、日本本土の中で最西端に位置する飛行場だった。

鹿屋空も同日、戸塚司令官と菊池《きくち》朝三《ともぞう》先任参謀（兵四十五期）が飛行隊長・新田《にった》慎一《しんいち》少佐（兵五十一期）の操縦する一番機に同乗、一八機の九六陸攻が鹿屋から台北に出来たばかりの松山飛行場に向かった。ところが宮古島を過ぎたあたりで飛行隊は積乱雲に突入、激しい雨と雷の中に放り込まれてしまった。自分の機の翼端が見えないくらいの視程の中で、編隊はバラバラになり、各機は海面すれすれに台北を目指して飛んだ。ようやく青空が見える松山飛行場に全機到着したことを確認した戸塚司令官は痛く感激し、「良い経験をした。飛行機隊の実力がわかった。天候には絶対大丈夫だ」と確信したという。ところがこの確信が後々、陸攻隊を悪天候の中に無理矢理出撃させるという無謀な作戦指揮へとつながっていく。

【渡洋爆撃一日目】酒井二空の初陣

木更津空と鹿屋空がそれぞれ前進基地に移動した翌日九日、上海で「大山事件」が起きた。この事件に態度を硬化させた海軍当局は、八月十三日午後、一連空に対し十四日、中国空軍の本拠地である南昌、杭州、南京を爆撃するよう命じた。

しかし折悪しく、東シナ海には七二〇ミリHg（ミリバール水銀柱、ヘクトパスカルでいうと九六〇ヘクトパスカル）の台風が停滞しており、木更津空は南京に向おうとすると台風に飛び込んでしまう形となる。一方、鹿屋空は台風の後を追うように出撃が可能だと判断された。木更津空は早々と攻撃中止を決めたが、鹿屋空は天候の回復を待つことになった。その間十四日午前、中国空軍の約四〇機の攻撃機、戦闘機が上海の日本軍を襲った。呉淞《ウスリー》沖に停泊していた第三艦隊長谷川清司令長官の座上する出雲や、上海陸戦隊本部が爆撃され、被害はほとんどなかったものの、司令長官は反撃のため直ちに鹿屋空に出撃を命じた。

台北の松山飛行場は開設されたばかりの新しい施設だった。

台北の松山基地で待機していた搭乗員に出撃が伝えられたのはすでに午後三時近かった。出撃を待ちわびていた搭乗員は、いっせいに喜んだ。しかしこれから出撃すると、帰りは夜間になってしまう。攻撃部隊は新田少佐率いる九機が浙江省杭州を、飛行長・浅野楠太郎少佐率いる九機が安徽省広徳を爆撃することになった。いずれも中国空軍の本拠地と判断されていた。搭載する爆弾は各機二五〇キロ爆弾二発。

新田少佐、浅野少佐の準備完了の報告を受けた戸塚司令長官は、攻撃部隊員全員の顔を見渡し、「これより杭州、広徳の空襲を命じる。敵航空兵力を誓って撃滅せよ。普段の訓練通り、しっかりやれ」と簡明に訓示し、出発を下令した。

酒井二空は新田少佐率いる杭州空襲部隊の指揮小隊二番機の副電信員だ。ベテランの清水佐市一空曹が操縦桿を握る。機長は偵察員の渡辺一夫中尉。攻撃部隊は杭州空襲部隊から離陸した。台北から杭州まではおよそ六〇〇キロ、広徳までは六八〇キロ。ともに九六陸攻の長大な航続距離をもってすれば、問題のない範囲である。指揮所の前で戸塚司令官が帽振れで見送っている。

攻撃部隊は午後二時五十五分から一〇分ほどで全機離陸、部隊ごとに編隊を組み中国本土を目指した。松山飛行場上空では雲の切れ間に青い空も見えており、台湾海峡の天候もまずまずだった。ところが大陸に入り、浙江省温州を過ぎる頃には断雲が現

8月14日、鹿屋空搭乗員が出撃の前の訓示を受ける。

出撃する鹿屋空陸攻隊を地上員が帽振れで見送る。

れはじめ、時折激しい雨が降ってくる。永康近くでは一面雲に覆われ、杭州攻撃部隊と広徳攻撃部隊は分離、雲海を縫って下に出たため、高度は四〇〇メートルほどになってしまった。渡辺中尉が警戒を命じ、酒井二空が垂下筒に入ったのはこのあたりだった。

無念の攻撃断念

雨は間断なく吹き付け、機体は風に激しく揺さぶられ、木の葉のように舞う。時として雲の中に突っ込み、列機の姿が見えなくなる。操縦員の清水一空曹は、指揮官機に離されまいと必死だ。二空も縛帯をつけているものの、垂下筒から放り出されないように、銃にしがみついていた。地上を見下ろすとだいぶ水が出ているらしく、どこが道でどこが川かもよくわからない。すでに離陸してから三時間以上が経過し、杭州に到着してもよい時間なのだが、いっこうに飛行場らしいものは見えない。

さらに一時間近くも付近を飛んだだろうか。あたりはだんだんと暗さが増して、もはや地上の目標物を見つけるのは難しい。ついに指揮官の新田少佐は爆弾投下を諦め、針路を台北に向けた。温州を過ぎ、海に出る前で警戒が解かれた。酒井二空は垂下筒から上がることを許されたものの、二時間以上不自然な姿勢で座っていたために、膝に力が入らず自分で筒から上がることができず、ペアに引き上げてもらった。指揮官機と二空の乗る二番機は海上で爆弾を投棄し、松山飛行場に辿り着いたのは午後九時過ぎのことだった。なんとも酒井二空にとっては冴えない初陣であった。新田少佐も指揮官でありながら、敵地を捕捉できなかったことにひどく落胆していたという。

ようやく帰った攻撃隊

ところが酒井二空は、地上に降りて僚機のことを整備員から聞かされてびっくりする。出撃した一八機の陸攻のうち、戻って来ているのはまだ六機。しばらくしてようやく一機が戻ってきたが、被弾がひどく片舷片脚で着陸時に滑走路の外にへたりこんでしまった。

広徳空襲部隊が帰投したのはもう日付が変わろうかという午後十一時半過ぎ。八機が辛うじて帰ってきた。帰還した搭乗員の話を総合すると、この日の戦況は次のようなものだった。

まず杭州攻撃部隊のうち第三小隊の一番機、二番機は午後六時二十五分、筧橋飛行場に対し高度四五〇〇メートルから爆撃を実施、大格納庫に爆弾一発を命中、爆破させ、工廠の建物にも一発を当て、火災を生じさせた。第四小隊の三機は喬司鎮飛行場を午後六時半に高度七〇〇メートルから爆撃した。ここでは大格納庫に二発の爆弾が命中し、さらに屋外の大型双発機二機を爆砕した。

広徳爆撃に向かった浅野隊は午後七時四〇分前後に目標を爆撃。この爆撃で小格納庫二を爆破、屋外のノースロップ攻撃機約一〇、カーチスホークⅢ戦闘機約二〇の大部を破壊した。

日本側の被害は、杭州攻撃部隊・指揮小隊の三番機、坪井與助一空曹機と三小隊三番機の三上良修三空曹機の二機が未帰還、広徳攻撃部隊の二小隊二番機の片野正平三空曹機が不時着、機材が失われたというものだった。

夜半に滑走路脇にへたり込んだのは、杭州攻撃部隊の第三小隊二番機の大串均三空曹機だった。大串機は筧橋飛行場を爆撃したものの、カーチスホークと激しい空中戦となり、左発動機が停止、片舷で台北まで戻ってきたものだった。翌日、整備員が調べると、機銃の弾痕が七四あったという。この大串機は後に内地に運ばれ、十三年四月から原宿に当時あった海軍館の中庭に展示された。

九六陸攻対カーチスホークⅢ

この戦果報告に対し、一連空では「悪天候を克服し、敵重要航空基地を攻撃、多大の効果を収め、敵をして爾後の作戦を挫折せしめた」と評価したが、実際の戦果はどうだったのだろう。

この日の中国空軍の戦いぶりについては、中山雅洋氏の『中国的天空』（大日本絵画）に詳しく描かれている。それによるとこの時、杭州の筧橋飛行場にいたのは高志航の指揮する第四大隊のカーチスホークⅢ二八機だった。カーチスホークⅢはアメリカ製で、最高速度三八六キロ／毎時、航続距離九二五キロ、上昇限度七八六四メートル、機首に付いている機銃はブローニング社製の七・六二ミリ機銃二挺だったが、中国空軍に供与されたものは片側を一二・七ミリ機銃に換装していた。この一二・七ミリ機銃が日本軍陸攻隊を苦しめたのだった。

高隊長は筧橋飛行場の指揮所にいたところ、電話で杭州方向に向う日本の重爆らしき飛行機がいると知らされ、ただちに愛機・カーチスホークⅢで邀撃に上がった。い

中国空軍のカーチスホークⅢは中攻隊にとって脅威だった。

大串機は74発の敵弾を受け、松山飛行場の場外に不時着した。翌日、機体の前で記念撮影をするペアと一連空幹部。左から3人目、大串機長。

ったん雲上に出たものの、日本機は雲の下を来る筈だと判断、すると案の定、二機の双発双尾翼の飛行機を発見した。翼には日の丸が描かれている。このうち一機を高隊長が撃墜、火の玉となって落下するのを確認した。もう一機は杭州と西山の間で撃墜された。この二機は指揮小隊三番機の坪井一空曹機、第三小隊三番機の三上三空曹機と推測される。

さらに二機が筧橋上空で投弾するのが確認された。第三小隊の指揮官機・大杉忠一大尉機と二番機の大串均三空曹機である。彼らは帰投後、大格納庫と工廠を破壊したと報告したが、中国側によると彼らの爆弾は飛行場を飛び越し、場外で炸裂したため、基地に被害はなかったとされる。

また空中戦により、日本側は敵戦闘機二機を撃墜、二機を不時着させたと報告したが、実際には中国機は三機が不時着したものの、撃墜された機体はなかった。

一方、浅野飛行長率いる広徳攻撃部隊は、一時間ほど遅れて目標の広徳上空に、途中悪天候で分離し、六機と三機のふたつの編隊に分かれて着いた。午後七時三十八分、最初に着いた六機編隊は雲を抜けたところで突如現れた広徳飛行場に戸惑い、大きく基地上空を旋回して改めて爆撃針路に入った。一機のカーチスホークⅢが編隊に割って入り、爆撃を妨害したため、六機から放たれた一二発の二五〇キロ爆弾はいずれも目標を外れ、基地の外の稲田に落ちたという。別の三機が放った爆弾もいずれも目標から外れた。

中国側の報告が正しければ、十四日、日本側は損害のみで、ほとんど戦果を挙げることができなかった。逆に中国側は「九六重轟炸機」（九六陸攻のこと）六機を撃墜した（実際は二機撃墜、二機撃破）と報じ、「六対零」の完勝だったと喧伝した。

鹿屋空の長い一日が終わった。翌日の稼動機は一四機に減じた。

【渡洋爆撃二日目】木更津空も海を渡る

一連空のもう一隊、木更津空にも十三日の夜半、出撃準備が命じられていた。ところが前にも述べたように、十四日大村は朝からかんかん照りだというのに、目標の南京付近は台風が接近中、風速二二メートルということで、攻撃は取りやめとなった。土屋二空曹たちは鹿屋空が出撃したことは知らされなかった。

十四日夜、改めて第三艦隊長官から「明朝黎明以降なるべく速やかに一連空部隊は中国空軍の主要基地を攻撃せよ。攻撃目標は鹿屋空が南昌、木更津空が南京」という命令が発せられた。

木更津空は全力二〇機での出撃。編成は飛行隊長・林田如虎《はやしだゆきとら》少佐が第一大隊一二機を率い、同じく飛行隊長の平本道隆少佐が第二大隊八機を率いる。土屋二空曹は林田少佐率いる第一大隊一中隊二番機の主操縦員で、この時点で飛行時間は一四〇〇時間を超えていた。機長は偵察員の鹿野丑治空曹長。「戦争というよりは、正々堂々スポーツの他流試合をやりにいく、そんな感じでした。中国空軍にやられるなんて思いもしなかった」。土屋は出撃前の気持ちをそう回想する。

この満々たる自信は下士官兵から上級幹部にまで蔓延していたようだ。木更津空の飛行長だった曽我義治少佐も、当時は「群がる敵機を優速と防禦砲火にものいわせて鎧袖一触、地上の格納庫群とズラリ並んだ敵機を一なめに爆砕」してやると思っていたと戦後述懐している。

大村―南京間の距離は直線でおよそ一〇五〇キロ。巡航速度から逆算して目標の南京到着を午後一時くらいと想定し、大村を午前九時過ぎに離陸することになった。大村を出発して二時間ほど、大陸に近づき海が揚子江の茶色に染まりだすころから天候が悪化してきた。前日の鹿屋空と同じ状況だ。花長山あたりの島影が見え始めたころから風雨ともにさらに強まり、高度は三〇〇メートルくらいになった。土屋の機は最先頭の中隊だったが、すでに後続の中隊は見えず、土屋自身も先を行く指揮官機についていくのが精いっぱいだった。

如何に狂風

江蘇平野を過ぎ丘陵地帯にかかると、山の頂が雲に覆われているため、一番機は谷間を縫いつつ、急な上下運動を繰り返す。土屋も追従するのに必死だ。そのうち片方のエンジンの調子が悪くなり、異常な爆発音がする。回転が落ちてきて、搭乗発動機員の平野幸助整曹長が土屋の後ろで圧し掛かるようにしながらエンジンの調子をみる。土屋は「如何に狂風」を怒鳴るように歌いながら、片発になっても南京まで行くぞと覚悟した。

その後少しエンジンの調子が戻り、ほっとしたところで突然一番機が雲中に突っ込み、土屋はその行方を見失ってしまった。前方の山をすれすれに躱《かわ》した直後、次の山に大きな白い建物を発見した。それが目指す南京の中山陵だと気が付くと同時に、機長の鹿野空曹長が「飛行場を爆撃する。左に舵を切れ」と命じた。

南京上空は雨も止んでおり、空がやや明るくなっていた。目指す大校場飛行場は黒々として兵舎と格納庫の列線付近に飛行機が不規則に並んでいるのが見えた。この時土屋の目には空中を飛んでいる小型飛行機二機が見えたが、距離はだいぶ離れていた。鹿野空曹長の「ちょい右、ちょい左、ヨーソロー」という指示を受けながら、爆撃針路に入る。高度三五〇〇メートル、「テッ」という合図で爆弾二発を投下すると、着弾の爆風を激しく受け、機が揺れた。時刻は午後二時五〇分（現地時間午後一時五〇分）。土屋は一番大きな格納庫に爆弾が直撃して、黒煙が噴き出すのを確認した。

急上昇して雲の中に入れと鹿野空曹長に指示

九六陸攻のコクピットを後方から見る。かなり窮屈そうだ。

南京大校場飛行場格納庫付近に木更津空の放った爆弾が炸裂する。

されたが、先ほど見た小型機を撃墜してやろうと敵機の方を指さすと、空曹長に怒鳴り付けられ、慌てて雲の中に入った。その一瞬、反航する敵機の姿を見たが、車輪を胴体に抱え込むような特徴のカーチスホークⅢであることが確認できた。

このカーチスホークⅢは前日筧橋で鹿屋空を襲った第四大隊の機体であった。彼らは日本軍が南京空襲を企んでいるとの情報に、急遽南京に引き返してきたところだった。その数約二〇機。土屋の機はすんでのところで爆撃を終了しており、機長の指示で雲中に逃げ込んだため、空中戦にならず無事に帰路に就くことができた。

ところが一中隊の他の機は空中戦となり、林田少佐の乗る指揮官機は被弾数四二、垂下筒の射手・太田武夫一空曹が戦死するという大被害を受けた。

済州島基地。木更津空は大村を出撃、そのまま済州島に帰着した。

済州島――寂しい前線基地

土屋の機が帰投基地に指定されていた朝鮮の済州島に着いたのは午後六時半。着陸した機を列線に入れると同時に、先着していた指揮官の林田少佐が飛んできて、興奮を隠せぬように「どうだった、俺のところは太田がやられた。防弾チョッキと鉄兜が必要だ」と言った。太田一空曹はこの日、本来自分の配置ではない垂下筒に希望して入り、頭部と肩に貫通銃創を負って戦死したのだった。

聞くと他の中隊の被害もひどいという。目的地に到達できなかった第二中隊以外、激しい空中戦に巻き込まれ、四機が撃墜され、指揮官機を含む六機が修理のため翌日出撃できないという有様だった。

翌日からの攻撃はこの済州島から行なうということだったが、燃料車もなく、搭乗員が総出で、滑走路から一キロ以上離れた野積みになっているドラム缶から手作業で飛行機に搭載するという有様。幕舎も兵舎も天幕張りだった。

済州島基地はいかにも急ごしらえで、指揮所も天幕を張っただけだった。

鹿屋空、ようやくの初陣

この日、鹿屋空は前日に引き続き、稼働全力で中国空軍のもうひとつの拠点とされる南昌を空襲した。一四機の九六陸攻は台北松山飛行場を午前六時五〇分から離陸、七〇〇キロ離れた南昌を目指した。酒井二空はこの日も指揮小隊二番機の副電信員の配置。戦闘では垂下筒に就く。

ところがこの日も悪天候に悩まされた。中国大陸に入る頃から猛烈な雨となり、南昌付近は鄱陽湖が氾濫、地図とまったく異なる様子でどこが飛行場か判別できない有様。攻撃隊は二時間近く上空を旋回して爆撃目標を探した。

新田少佐が搭乗する指揮小隊一番機と酒井

の乗る二番機、それに第二小隊一、三番機は南昌旧飛行場に対し爆撃を実施、指揮所、研究施設を爆破、中国空軍の第五飛行隊に所属するカーチスホークⅢと空戦を行なった。

酒井も垂下筒から敵機に向け、機銃を発射した。酒井は爆弾投下といい、空中戦といい、これが自分の初陣なのだと心の中で快哉を挙げた。結局この日、八機が南昌新・旧飛行場に爆弾を投下、残りの六機は投下を果たせず、帰路に就いた。空中戦による被害はなく、無事に全機午後四時半までに松山飛行場に帰投した。

【渡洋爆撃三日目】鹿屋空、悲惨な戦い

十六日にも一連空陸攻隊には出撃が命じられた。木更津空は済州島から南京を空襲するよう命じられたものの、途中天候不良のため攻撃目標を蘇州に変更、四個中隊一〇機が薄暮攻撃のため、済州島を午後五時一〇分に離陸した。土屋は細川直三郎大尉の指揮する三中隊三番機の主操を務めた。攻撃部隊は午後七時五十四分から約二〇分かけ、蘇州飛行場を爆撃し、一機が対空砲火で被害を受けたものの、午後十一時半までに全機済州島に帰投した。

ところがこの日、句容と揚州の航空基地爆撃を命じられた鹿屋空は最も悲惨な戦い

爆撃に向かう鹿屋空の九六陸攻。

を強いられた。鹿屋空は稼働全力一三機で出撃、句容には新田少佐率いる六機、揚州には石俊平大尉率いる七機が向かった。ところが石大尉機が途中、発動機不調となり引き返し、第二小隊長梅林孝次中尉が指揮を引き継いだ。

句容攻撃隊は午前十時五十八分、目標の句容上空に到達、爆撃高度四五〇〇メートルで二五〇キロ爆弾を投下したが、投下直後、敵戦闘機と激しい空中戦になった。相手はカーチスホークⅢ。酒井も垂下筒で撃ちまくるが、なかなか手ごたえはない。そのうち左発動機を撃ち抜かれ、片舷となってしまう。また主翼の燃料タンクも撃ち抜かれ、激しく燃料が漏洩している。酒井二空はこれまでか、と観念した。激しい空中戦は四五分にも及んだ。

何とか雲の中に隠れ、敵の追従を振り切り、午後四時半、松山飛行場に帰ることができた。ところが指揮官の新田少佐機が帰って来ない。多くの搭乗員が指揮官機の帰りを飛行場で待っていた。酒井も兄とも慕う少佐が帰ってこないことに途方に暮れた。酒井二空の陸攻はその後整備員が数えたところ、七八の被弾の跡があり、これは初日の大串機の被弾数を上回るものだった。

さらに揚州攻撃に向かった梅林隊も途中バラバラになりながら、午後〇時十五分から揚州飛行場を爆撃した。この攻撃隊もカーチスホークⅢとフィアットの邀撃を受け、激しい空中戦となった。また対空砲火も熾烈で、梅林中尉機は投弾後、被弾発火した。中尉機を挟むように列機が見守りながら一〇分ほど飛行したが、もはやこれまでと諦めた中尉は、首に巻いていた純白のマフラーを列機に向かってうち振り、操縦員の近藤益雄空曹長は挙手の礼をしながら、火の玉になって地面に激突したという。このエピソードは後に戦場の美談として後に盛んに喧伝されるのだが、残りの機は被弾機を出しつつも午後三時過ぎには松山に帰投した。これで鹿屋空の稼働機は予備機も含め九機となってしまった。

新田飛行隊長の戦死に、一連空司令官の戸塚大佐は愕然としたとされる。

「渡洋爆撃」の真相

三日間にわたった一連空陸攻隊の損害は、未帰還九機、不時着三機、搭乗員の戦死者六五名という予想もしない大きなものだった。それに対して戦果は爆撃による地上での撃破四〇機、空中戦による撃墜数一九機というもの。

しかし中国側の発表をみるとその戦果はだいぶ割り引かなくてはいけない。確かに往復一〇〇〇キロ以上飛んで、敵地を爆撃して帰ってきたことは評価されるが、戦果がなくては目的を達したとは言い難い。新鋭機・九六陸攻にとっては、ほろ苦いデビューであった。

被害を大きくした原因のひとつは、九六陸攻の性能に対する過大評価と、逆に中国空軍の過小評価が考えられる。中国空軍は航空機を開発する能力は持っていなかったものの、欧米の最新鋭の戦闘機を購入し、その操縦訓練も積んで、九六陸攻に果敢に挑んできた。

戦前、七・七ミリ機銃の銃弾なら跳ね返すといわれた九六陸攻は、実際は被弾によっていとも簡単に発火した。戦闘機の掩護なしに、敵機の待ち構える軍事施設への爆撃など不可能だったのである。

もうひとつの原因は天候を勘案せずに出撃を強制した指導部の誤った判断にあった。低高度での爆撃は敵の対空砲火の格好の的であり、爆撃照準もしにくく、戦果が上がりにくい。悪天候で編隊行動がとれないため、単機での行動になり、敵戦闘機の餌食にもなりやすい。後に戸塚司令官は「日露戦争の二〇三高地の覚悟をもって、攻撃部隊を出撃させた」と言ったとされるが、そのような航空に精通していない司令の命令が徒《いたずら》に犠牲者を生んだのである。

この三日間の戦いは、日本海軍の航空戦略に大きな影響を与えた。九六陸攻＝万能機論と戦闘機無用論は影を潜め、援護戦闘機の重要性がクローズアップされる。この後、上海の制空権を日本側が確保し、木更津空が北京近郊の南苑に、鹿屋空が上海戊基地に進出すると、援護戦闘機隊を随伴しての出撃が可能となり、敵戦闘機による被害は急速に減っていく。

さらに陸攻は単機でなく、編隊で行動することが強調された、九六陸攻には三つの銃座しかないが、四機編隊であれば一二の火線を敵に集中することができる。緊密な編隊を組むことで、敵戦闘機を撃退せよというのだ。また高角砲を避けるため、爆撃高度は三〇〇〇メートル以上とすること、陸攻隊単独での昼間攻撃はなるべく避け、黎明・薄暮の攻撃を多用することなどが戦訓として、取り入れられた。

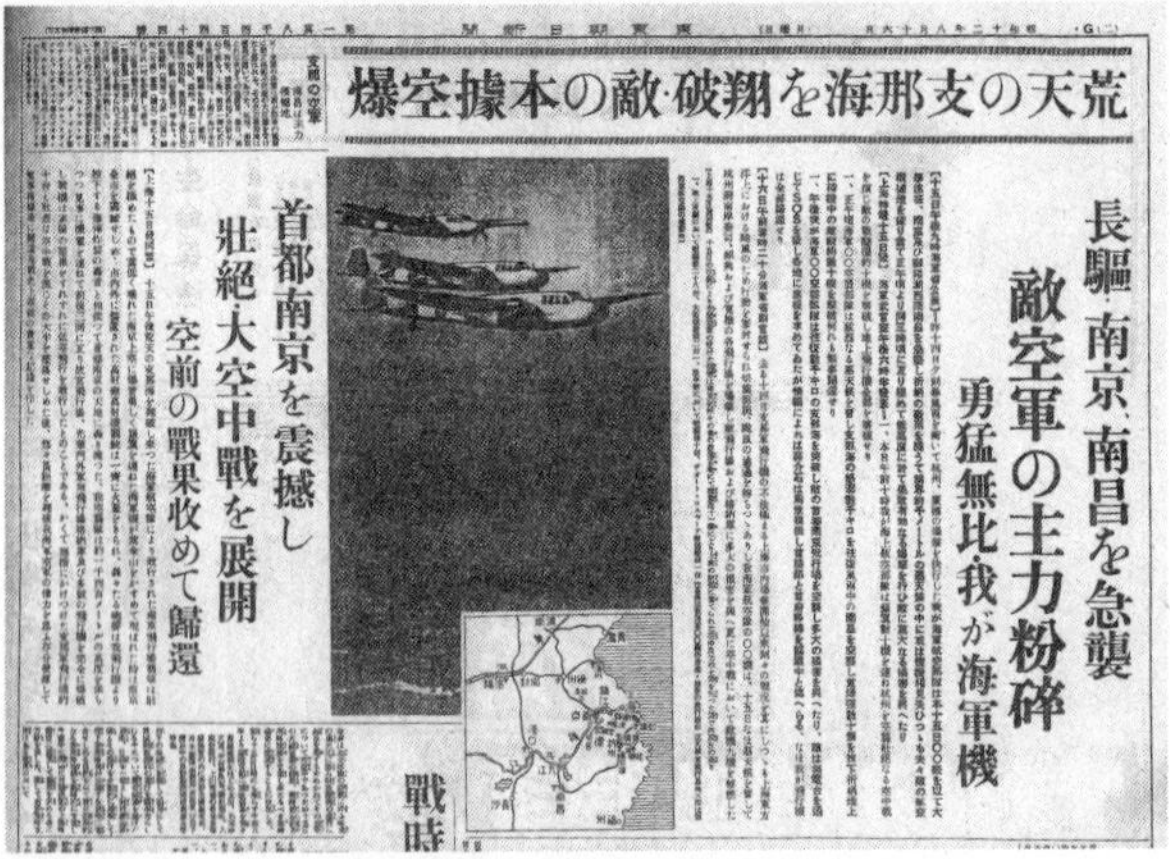
昭和十二年八月十六日（月曜日）　東京朝日新聞

荒天の支那海を翔破・敵の本據空爆

長驅・南京、南昌を急襲
敵空軍の主力粉碎
勇猛無比我が海軍機

首都南京を震撼し
壯絶・大空中戰を展開
空前の戰果收めて歸還

渡洋爆撃を伝える当時の新聞記事。まだこの時点では渡洋爆撃という言葉は使われていない。

昭和13年元旦、木更津空総員が北京郊外の南苑で記念写真に収まる。それは長く苦しい戦いの始まりでもあった。

プロパガンダとしての渡洋爆撃

さて一連の空爆が、渡洋爆撃という名前で実際に呼ばれるようになったのは実際の攻撃が始まってしばらく後のことだった。当時の新聞では八月の末になってようやく、「渡洋空爆隊の本城　決死の勇士・送り迎えの朝夕」といった記事が発表（八月二十九日東京朝日新聞）され、初めて「渡洋」という言い回しが使われている。むしろ渡洋爆撃という言葉は雑誌によって広まったようだ。十月三日に発売された大日本雄弁会講談社の月刊誌『キング』には「海軍荒鷲隊渡洋大空爆」という記事が掲載され、同じく五日発売の文藝春秋社の月刊誌『話』には「南京空襲渡洋爆撃部隊の勇士を訪れて」というルポが掲載されている。この時期から渡洋爆撃という名称が人口に膾炙していく。

翌年の昭和十三年八月には、事変開始一周年を記念して海軍当局が主導した「渡洋爆撃感謝の夕」を開催されるなど、この言葉は国民に定着していった。最初の三日間は被害が大きく、戦果に乏しかったものの、渡洋爆撃という言葉は国民を鼓舞するものとして大いに利用された。

実際には木更津空は十一月十九日に済州島の基地から北京郊外の南苑《なんえん》に移動、鹿屋空も十二月二十五日に台北から上海郊外の戊基地に進出しており、いずれも海を越えての爆撃にピリオドを打った。支那事変緒戦の三日間に行なわれたこの渡洋爆撃は海軍航空を震撼させ、航空戦の新段階へと向かわせたという意味で歴史に残る戦いであったといえよう。

怪鳥、大陸を飛ぶ

知られざる九五大攻戦記

1932.3－1937.12

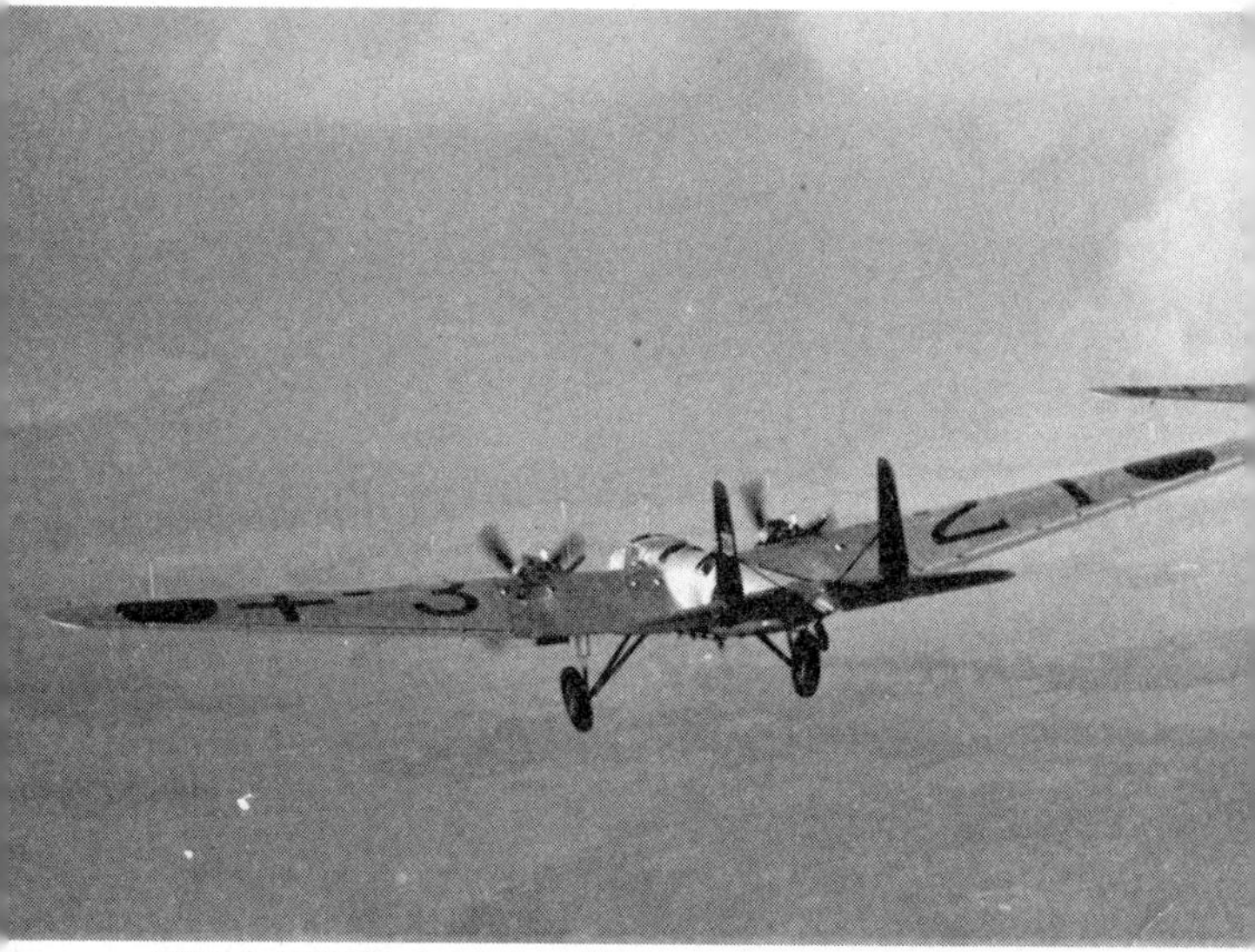

飛翔する木更津空の九五大攻。全幅31.68メートル、全長20.15メートル、全高6.28メートル、全備重量11トンという大きさは実用された海軍機としては最も大きい。地上で操縦席に座ると建物の3階くらいにいる感じがしたという。

「最初に九五大攻《きゅうごだいこう》を見た時、その大きさには本当に驚きました。主翼の幅は四〇メートル近く、操縦席に座ると建物の三階から見下ろしているような高さです。操縦特性は比較的安定していましたが、何しろ舵の利きが重い。下士官兵の中には『馬鹿ガラス』と呼んで嫌う連中もいましたね」

九五大攻に初めて接したときの印象を土屋誠一はそう語った。当時土屋は二空曹。横須賀航空隊（横空）で大攻の雷撃実験に従事していた。

九六陸攻、一式陸攻と連なる海軍陸上攻撃機の系譜の先頭に位置しながら、九五式陸上攻撃機（九五大攻）はほとんど知られていない。その理由は、わずか一〇機余しか作られず、戦闘に参加したのも支那事変（日中戦争の当時呼称）冒頭の三カ月程だったこと、海軍廣工廠で設計・試作されたため、終戦時の書類焼却が徹底しており、製造に関する資料がほとんど残されていないことなどが挙げられる。今回、その知られざる九五大攻の全貌に迫ってみよう。

九五大攻の大きさを余すところなく伝える写真。昭和11年9月の北海事件に際し、台湾の屏東に進出した折に撮影された第十一航空隊総員と九五大攻。

陸上攻撃機の構想、生まれる

太平洋戦争終戦時に海軍航空技術廠の廠長であった和田操《わだみさお》は、戦後、陸上攻撃機という機種は、ワシントン軍縮会議で決められた水上艦艇の劣勢を補うものとして考案されたと述懐している。

和田が中佐として霞が関の海軍航空本部に勤務していた昭和七年中佐当時、新しく航空本部長に着任した松山茂中将に、航空本部技術部長の山本五十六少将とともに本部長室に呼ばれた。そこで松山は「航続距離が長くて大型爆弾或いは魚雷を搭載して洋上の艦隊決戦に参加出来る飛行機は出来ないものか、これが出来れば空母の飛行機勢力の外にそれ丈航空兵力が増えることになるから研究してくれ」と二人に命じたという。

この命令に和田は当初、飛行艇を考えたが、飛行艇は離水、着水時の耐波性のために、構造上大きくなり速度も速くならない。一～二トンの爆弾、魚雷を積み、二〇〇〇カイリを飛翔できる機体を考えた場合、いっそ陸上機の形式ではどうかとプランを建てた。海軍が陸から発進する飛行機を作ろうというのである。

和田操大佐。自らも操縦を行なったが、航空機の事故で搭乗員の道を諦め、航空機開発の道にまわった。

和田は周到に陸上機と飛行艇の比較データを集め、それを山本技術部長経由で松山中将に提出した。松山中将はたった一回の会議で陸上機案を採用すると決めた。この時海軍の陸上攻撃機が産声を上げたのだった。

七試特攻の誕生

和田は古巣の廣工廠に赴き、大型陸上機の開発を設計主任の岡村純造兵少佐に依頼、海軍初の陸上攻撃機は廣工廠で七試特殊攻撃機（七試特攻・G2H1）として開発されることになった。

岡村少佐は主翼に飛行艇で培った技術であるワグナー式張力場箱型桁を使用し、胴体は細いモノコック構造とした。垂直尾翼は九一式飛行艇二号で使用した上方双方向舵式、フラップにはユンカース式二重翼を採用。発動機は双発とし、当時最大出力と

昭和８年の天長節、廣工廠のハンガーでお披露目が行なわれた九五大攻１号機。

された九四式水冷W型十八気筒を使うことにした。

　これらの新機軸を採用した七試特殊攻撃機の一号機は昭和八年三月に完成、分解されて船便で横空に送られ、天長節の四月二十九日にお披露目された。初飛行は横須賀工廠航空機部実験班の宗雪《むねゆき》新之助《しんのすけ》少佐、小田原俊彦少佐によって五月中旬に行われた。巨大な七試特攻は狭い追浜の飛行場を辛うじて離陸、「諸舵やや重し、その他異常なし」というメッセージを報告球に入れて落とし、そのまま広い霞ケ浦の飛行場に向かった。その後行なわれた実用実験で、概ね良好な性能を記録したが、胴体の強度不足による尾翼の振動や補助翼のフラッター、発動機の不調などが問題となり、その都度改修が加えられた。

フラッターによる墜落未遂

実際に横須賀航空廠実験機部で七試特攻の飛行実験を担当した曽我義治大尉は、昭和十年三月一日、特攻の速力試験を行なった。面白いことに曽我大尉の航空記録では、当初この機のことを特攻と呼んでいたが、昭和九年の中頃から、大攻《だいこう》と呼ぶようになっている。これは九試中攻（後の九六陸攻）の試作実験が並行して行われるようになって、制式な名称ではないものの、大攻と中攻という区分けがされたためであろう。

追浜を離陸した大攻は高度一〇〇〇メートルを剣崎上空から観音崎に向けて速度を上げていった。最初九〇ノットから、機首をやや下げ気味にして一〇〇ノット、一一〇ノットと加速していくと、突然尾部と補助翼がガタガタと震えだし、機体全体が大震動を起こした。あたかも関東大震災の時のような揺れであったと大尉は戦後回想している。

操縦輪もフットバーも激しい揺れで操作ができない。もはや分解・墜落を覚悟した直後、操縦輪を一杯に手前に引き、機首上げして速度を落とすと、振動は嘘のように止まった。曽我大尉は大攻を恐る恐る操縦し、追浜に戻った。この結果、各舵にフラッター防止用にマスバランスが取り付けられた

木更津空に配備された九五大攻。

七試特攻は一号機完成から三年三カ月を経た昭和十一年六月に九五式陸上攻撃機（九五大攻）として制式採用された。これは七試特攻の翌年に試作命令が出された八試特偵、九試中攻が九六式陸上攻撃機（九六陸攻）として制式採用されたのと同時だった。以下、本稿では九五陸攻を大攻、九六陸攻を中攻と呼ぶことにする。中攻も大攻も搭乗員の構成、役割などは同じ。操縦員、偵察員、電信員、搭乗発動機員（搭発）で、それぞれ正・副が必要に応じて配置され、七〜八名が乗る。

初陣は北海事件

なんとか制式採用を果たした大攻に出

撃の時が訪れる。昭和十一年九月、中国広東省北海で北海《ほっかい》事件に伴う出撃である。この事件は同地で反日運動が高まり、日本人が殺害されたことに起因する。

これに対し日本海軍は邦人保護を名目に「嵯峨」と「早竹」を派遣すると同時に、航空部隊の出陣も命じた。九月二十四日、木更津空と鹿屋空から機材が抽出され、特設航空隊の第十一航空隊を編成、台湾への進出が命じられた。木更津空からは新田慎一少佐率いる大攻四機と曽我少佐率いる中攻六機が鹿屋を経由して台北に向かった。

九六陸攻を背に巖谷二三男大尉。後列中央。

途中、亀田三郎空曹長が機長を務める大攻一機が伊豆半島の稲取沖に原因不明の墜落事故を起こしてしまうが、他の機は台北、そしてさらに陸軍が管理していた塀東の飛行場に進出、大陸に向けて出撃の機会を伺っていた。しかし天候不良が続いたことと、政治的な交渉により事態収集のめどがついたことで部隊は結局出撃することなく、木更津に引き返した。この事件で中攻、大攻はともに最初の作戦行動を行なったことになる。

大攻、初の戦闘参加

大攻はその後、木更津沖で雷撃実験中にフラッターが発生、不時着する事故を起こした。二度にわたるフラッターの事故が大攻の信頼性に疑問符を付ける形となった。ところがほとんど実戦に使用できないと思われた大攻に、戦線に出撃する機会が訪れた。

木更津空の本部前で三原元一大尉。

渡洋爆撃が開始されてから一カ月ほど経った昭和十二年九月中旬、巌谷二三男《いわやふみお》大尉は木更津航空隊の士官室で三原元一大尉がソファに座り、ひとりビールを飲んでいるのを見つけた。巌谷大尉は九月八日大湊空から、三原大尉もほぼ同じ時期に横空から木更津に転勤してきたばかりだった。いつも豪放磊落な三原大尉がしんみりとしている姿を見て、どうしたのか尋ねると、大攻六機を率いて明日、済州

済州島に進出した九五大攻。

島に進出するという。渡洋爆撃が開始されて以降、中攻の被害が大きいため、その穴埋めに大攻で陸戦支援をしろというのだ。三原大尉は大攻がどれだけ役に立つかわからないが、自分は大攻に殉じるのだといささか悲壮感をただよわせていたという。

九月十四日、大攻は済州島に進出した。大攻の初戦は九月三十日のことだった。三原大尉率いる六機の大攻は、陸軍の地上戦闘の支援のため、上海郊外の江湾鎮西部、南翔鎮の二カ所を爆撃するよう命じられた。鎮は中国語で兵営、陣地を意味する。三原隊は六機を二機ずつ、三個小隊に分け、一小隊二機は江湾鎮を、二小隊は南翔鎮を、三小隊は一、二小隊が撃ち漏らした方を爆撃することになった。一、二小隊の各一番機は六〇キロ爆弾を一機宛二〇発、他の機は二五〇キロ爆弾を各五発搭載する。いずれも九六陸攻のほぼ倍近い搭載量だ。

六機の大攻は午前七時二十五分済州島を離陸、編隊を組んで上海を目指した。発進からおよそ三時間経った午前十時三十五分、浦東付近で部隊は解散、それぞれ目標地点に向かう。爆撃は編隊で行なうのではなく、単機ずつ照準して実施する。天候は悪く、雲高は五〇〇メートルくらいしかない。折悪しく雨が降ってきた。午後十一時三十分、三原少佐の乗る指揮官機は断雲から雲の下に出て、六〇キロ爆弾をバラまいた。しかし二番機、三小隊一番機は爆撃の機会を逃し、投下を断念して帰路に就いた。

二小隊の二機は高度一〇〇〇～一三〇〇メートルで南翔鎮爆撃に成功、密集した家屋に爆弾を投下したが、三小隊は悪天候に阻まれ、爆撃できなかった。帰途は各機バラバラで午後三時十五分から四十五分の間に済州島に帰還したが、爆撃を実施した三機は、高角砲の射撃により三機とも一カ所から二カ所の被弾箇所を出した。爆撃を実施したのは半数の三機だったが、ともかく九五大攻は初陣を果たしたのである。

木更津空司令部は、大攻隊の初の戦争参加であり、大型、劣速の大攻が悪天候にも負けず爆撃を実施した意義は大きいと評価した。

次に行なわれた十月二日の大場鎮攻撃では天候にも恵まれ、六機全機が目標に対して爆撃を実施、六機で都合四・九トンの爆弾の雨を降らせた。

これ以降、大攻は南翔鎮（三日、四日）江湾鎮（六日）と出撃する。いずれも一回の出撃で一機宛二五〇キロ爆弾であれば六発、六〇キロ爆弾二〇発を搭載することができ、制空権が確保されている戦場では、陸戦支援に大いに役立った。

爆撃目標は陸軍部隊の進攻に合わせ、徐々に揚子江を遡上、嘉定、大倉、蘇州、無錫といった具合に南京に向かっていった。大攻隊は九月三十日の初陣から十月二十二日までの間に十三回、機数にして延べ五九機が出撃、七〇トン余りの爆弾を投下した。

大攻部隊全滅？

ところが大攻部隊が済州島に進出してからほぼ一カ月が経過した十月二十四日、大事故が発生する。この日出撃のため爆弾、銃弾を満載した五機が、列線で発動機の始動を始めたところ、真ん中の一機が発動用のガレリーから出火、瞬く間に炎に包まれたのである。地上の整備員は必死に他の機を救出しようと引き離しに掛かったが、火勢が強く、ついに「総員退避」が令せられ、安全地帯に退いた。火は次々と引火し、爆弾、銃弾の破裂する音がこだました。

鎮火した後には四つの直径三〇メートル、深さ二メートル程の巨大な穴が残された。引き離しに成功した一機も激しく破損、修理不能で、元々修理中だった一機を残し、大攻五機が失われた。この事故で搭乗員一名が破裂した弾片によって死亡したが、そ

九五大攻の上海派遣隊が王濱の飛行場に着陸する。

れ以外の人的被害は無かった。

上海派遣隊、王濱に進出

稼働機の大半を失ったものの、三原隊は、修理中で破壊を免れた一機を使って、その後も果敢に戦闘を続行する。

十月二十七日、残された一機を使って黄渡鎮に対する爆撃が行なわれた。三原大尉自らが操縦輪を握り、二五〇キロ爆弾三発、二〇〇キロ陸用爆弾三発、計一・三五トンを搭載、午後一時十五分、済州島を離陸した。この日の攻撃終了後、陸軍が使用する上海近郊の王濱《おうひん》飛行場に着陸することを命じられていた。

大攻は黄渡鎮の集落に四航過しながら全弾を投下、午後五時十分、王濱に着陸した。これ以降、大攻隊はこの基地を使い、木更津空上海派遣隊として作戦を行なうことになった。それまで済州島から戦場まで往復七時間近くかかっていたが、基地を王濱に移すことで戦場への移動距離が短くなり、一日に最大五回、反復攻撃が可能と判断された。機材を減らした大攻隊にとっては最善の措置であった。

早速翌二十八日には一機の大攻を使って、三回の出撃が行なわれた。一回目は午前十時十五分、王濱を離陸、万泰鎮を爆撃、十一時三十五分帰投。二回目、十二時十分発、黄渡鎮を爆撃、午後一時十分帰投。三回目一時五十分離陸、万泰鎮を爆撃、三時二十分王濱に帰還。いずれも二五〇キロ爆弾三発、六〇キロ爆弾六発を投下した。搭乗ペアは三回とも異なる。最後の万泰鎮爆撃は三原大尉自ら操縦輪を握った。機材は一機しかないものの、三原隊は七ペアあり、人員的には余裕がある。司令部はまさしく馬車馬のようなこの大攻の戦いぶりを高く評価した。

新たな翼

翌二十九日、青浦鎮の倉庫群爆撃を命じられた大石松四郎空曹長機は王濱を離陸、目標に向けて飛行中、午前九時五分頃、南翔鎮上空で突然猛烈な高角砲の射撃を受け、左翼四番タンクに被弾、火災を生じた。機長はいったん自爆を決意したが、必死の消火作業で辛うじて持ち直し、反転、王濱に帰還することができた。しかし機材は大破しており、大がかりな修理が必要と判断された。

この事態に三原隊には急遽、中攻の配備が決まり、済州島から鍋田美吉中尉が三機を率いて十一月二日に王濱に進出した。大攻の操縦ができる者にとって、中攻を操るのは容易なことだった。また横空に残されていた大攻二機も配備されることになり、十一月十日、王濱にやってきた。

三原隊は十一月九日から中攻を使って南京攻略の支援戦闘を開始する。大攻が戦線に復帰するのは十一月十一日。この日は九六中攻三機と九五大攻一機が南翔―昆山間の鉄道線路に沿って退却する中国軍を爆撃せよと命じられた。横空から運ばれた大攻は調整に手間取り、この日は一機しか出撃できなかった。十月二十八日の時と同じように、一機を三ペアが使い回し、午前十時過ぎから午後三時近くまで、都合三回にわたって敵兵営、軍用自動車の車列に対して爆撃を行なった。一回の出撃は一時間半程度だった。

さらに翌十二日には嘉定の軍事施設を一機の大攻で四回にわたり爆撃した。十三日には整備中だった一機も戦闘に参加し、九五大攻は二機、それに九六中攻三機を加えた五機で陸戦協力を行なった。ただし中攻と大攻では巡航速度が異なるため、一緒に作戦行動をすることはなかった。その後も常熟、宜興、常州、鎮江と潰走する中国軍を追いかけるように爆撃目標は南京へと近づいていった。十一月二十五日には済州島で破損して修理中だった大攻も整備がなり、九五大攻は三機が揃った。十一月二十九日、大攻隊は久しぶりに三機で南京にほど近い漂水を攻撃した。この攻撃には二連空の艦爆、艦攻、艦戦も同行した。大攻は一機あたり二五〇キロ爆弾二発と六〇キロ爆弾一四発を搭載、漂水市街に対し編隊爆撃を実施した。市街からは数カ所火災が発生するのが確認され、効果は甚大と判定された。

十二月に入ると南京攻略も目前に迫り、大攻は輸送の任務にも就いた。すなわち航続距離の短い九六艦戦に燃料を補給するため、上海と南京の中間にある廣徳飛行場に燃料を運ぶのである。大攻の燃料タンクに積まれている航空燃料は一機当たり四〇〇〇リットルあり、それを廣徳で戦闘機に分け与えるのだ。搭載量の多い大攻ならではの任務であった。

その後十一日には揚子江上、南京の入り口に当たる都天廟砲台を、十三日には烏龍山砲台を爆撃、その施設をほぼ粉砕した。十三日には陸軍部隊が南京に入場、南京攻略は概成した。大攻隊は十五日の紹興駅構内の貨物列車爆撃を三機で実施したのを最後に戦闘行動を終了した。

上海王濱基地の九五大攻。陸軍報道班員が珍しさからか大攻の前で記念写真に収まる。

大攻はその大きな搭載量で陸戦支援に多いに貢献したが、すでにスペアの機材がない中では補充が追い付かないこと、さらに九六中攻の生産が順調に進み、配備に余裕が出てきたこともあって、内地に還納されることが決まった。残された上海派遣隊には九六中攻が改めて支給された。

大攻の三カ月ほどの作戦行動は終了した。最終的にこの間、大攻隊は三六戦闘に参加、延べ一二五機が出撃し、一四五トン以上の爆弾を投下した。一機も空中戦や対空砲火で撃墜されることなく、戦闘を全うした。これには三原元一大尉の卓抜した指導力と、部隊員の高い技能が大きく影響している。

九五大攻の後、海軍は十三試陸攻「深山」、十七試陸攻「連山」と大攻の開発を行なったが、実用化することはなかった。九五大攻は実戦に参加した唯一の大攻となった。その敢闘は深く記憶されるべきであろう。

陸攻隊を支えた助っ人たち

海軍司偵、陸偵戦記

1937.11 − 1942.11

十三空所属の九八式陸上偵察機がタキシングする。

神風型偵察機の登場

「昭和十四年暮に山西省の運城からソ連軍の戦闘機が集まっているという蘭州を爆撃しました。これは初めての陸海軍協同作戦で、百号作戦と呼ばれました。この頃、海軍では陸軍航空隊のことを、陸式、陸式と呼んでちょっと馬鹿にしていましたね。何しろ陸軍の重爆は、天候が悪いとすぐ引き返す、機数もなかなか揃わないと聞かされていましたから。ところがカミカゼというのがあって、それが事前に敵地の情報を的確に掴んでくるという。カミカゼがロンドンに行った朝日新聞の神風《かみかぜ》号のことで、実際に出撃するのを運城に行って、はじめて見ました」

当時、第十三航空隊で九六陸攻の操縦をしていたある陸攻搭乗員は、初めて神風型偵察機を見たときの様子をそう語った。

百号作戦では十二月二十六日、二十七日、二十八日の三日間にわたり、陸海軍は蘭州を爆撃、成果を挙げたのだが、その直前の十一月十七日、海軍は九七司偵を海軍向けに改良した九八陸偵を制式採用していた。そしてこの九八陸偵は年が明けた昭和十五年から前線に登場することになる。

陸上偵察機が欲しい

海軍で使用された九七司偵。機体は雲状迷彩が施されている。後方に見える機体は九六式艦上爆撃機のようだ。

日中戦争（当時呼称・支那事変）初期、日本海軍は第十二航空隊（十二空）が保有する九七式艦上偵察機以外、陸上で運用する偵察の専門機材を保有していなかった。当面の陸軍の対地支援については、航続距離がさほど長くない艦上爆撃機、艦上攻撃機または水上偵察機を用いることで充分と考えられていたようだ。

しかし中攻（九六式陸上攻撃機）部隊の木更津空と鹿屋空で編成された第一連合航空隊は事変劈頭の渡洋爆撃を始め、南京、漢口などの奥地爆撃を任務としていた。そうするとそれらの作戦にはまったく別の高速で敵地奥深くまで侵入できる偵察機が必要となる。しかし海軍にはそのような偵察機の構想すらな

陸軍の九七式司令部偵察機。独立飛行第十八中隊の所属機と推定される。

かった。

そのため中攻部隊を統べる第一連合航空隊（一連空）では、陸軍の司令部偵察機に目を付けたのであろう。すでに昭和十二年十一月の時点で、北京郊外の南苑に進出した一連空は、同地で陸軍の徳川兵団に所属していた九七司偵を目の当たりにしていた。十一月二十四日には九七司偵が洛陽飛行場に、中型機一三機が蝟集しているのを発見。これに対し、木更津空の九六陸攻一三機が、陸軍の九五式戦闘機の掩護を受け、爆撃を実施、在地していた一七機のうち八機を破壊したと報告している。

さらに年の改まった十三年一月、南京の陸軍第四飛行団に九七司偵二機が配属された。陸海軍はこの新型偵察機によって得られた偵察情報を協議の上、共有することで一致した。

この第四飛行団の九七司偵は、二月二十三日に漢口、三月十八日には漢口と孝感の偵察に成功、海軍にも貴重な情報を提供した。

海軍が朝日新聞社から徴用したとされる朝風号。

海軍で使われた九七司偵

九七司偵の活躍を見て、海軍も昭和十三年三月頃、陸軍が使用していた朝日新聞所有の「朝風号」（朝日第118号　J-BAAI）を、陸軍の徴用が解除された時点で改めて朝日新聞に使用を申し出、南京にいた十二空に配備した。一説には海軍が朝日新聞から購入したと言われているが、後に返却されていることから、徴用されたとみるのが正しいだろう。この九七司偵＝朝風は、その時点で海軍が偵察機として使用していた九六艦攻や、九七艦偵より速度の点でも高空性能の点でも勝っていた。

そして九七司偵を海軍が使用した初めての作戦

海軍が徴用したと思われる神風号の写真。迷彩の機体に「KAMIKAZE」の文字が残る。

が行なわれる。昭和十三年七月十九日の陸攻と艦戦による漢口攻撃である。この日、十二空の九七司偵は午前九時、南京大校場飛行場を離陸、漢口と武昌の偵察を実施した。九六艦戦一二機は前進基地の安慶飛行場を離陸、午前九時半から四五分間、漢口上空を制圧、敵戦闘機を駆逐し、その後、午前十時に漢口上空に進入した十三空の陸攻一八機が漢口飛行場、漢陽子駅、高角砲陣地を爆撃した。

この作戦は、偵察機による敵状偵察、戦闘機による上空制圧、その後の陸攻による爆撃という、爾後の攻撃形態の模範を作ったともいえる戦いであった。この後七月十九日にも同様の作戦が実施されている。しかし、司偵に誰が搭乗したのかは判然としない。十二空には艦戦、艦爆、艦攻の中隊はあったが、偵察機の中隊というのは存在しない。一説によると、操縦員は戦闘機中隊から、偵察員は艦爆もしくは艦攻の部隊から抽出されて、運用したのではないかといわれている。

役立たずのＳ戦

しかし十二空による九七司偵の運用は、わずか二カ月ほどで終了した。新しい偵察機が配備されたからである。それに伴い、九七司偵（朝風号）は徴用を解かれ、朝日新聞に返却された。

新しく十三年九月に十二空に配備されたのが、アメリカのセバスキー２ＰＡ－３Ｂであった。元々このセバスキーは、昭和十二年に中攻を掩護するための戦闘機として三〇機程が輸入された複座戦闘機であった。部隊ではこれをＳ戦と呼んだという。しかし実際に使用してみると、運動性に劣り、とても戦闘機としては使えないということで、偵察機に鞍替えされたといういわくつきの飛行機であった。十二空には十三年

セバスキーは戦闘機としては不適格ということで、偵察機として使用された。

の暮の時点で六機のセバスキーが偵察機として配備されていたことがわかっている。しかし実際にはこのセバスキーは航続距離が一九〇〇キロと短く、近距離偵察にしか使用されなかった。

九八陸偵の誕生

海軍は改めて九七司偵の艤装を変えて使用することとし、昭和十三年に発動機を海軍制式の「瑞星」一二型に改め、無線機、機銃、写真機などを海軍のものとした機体を三菱に発注した。一一型は固定ピッチ二翔ペラだったが、発動機の直径が九七司偵一号が搭載した「寿」より小さくなったため、カウリングはスマートになって、前方視界は良くなった。この機体は九八式陸上偵察機（九八陸偵）として採用され、実施部隊に配備されることになった。

十五空所属の九八式陸上偵察機一一型。尾翼の「8」が十五空を表す。

九八陸偵が制式採用されるのは昭和十四年十一月。年が明けた昭和十五年、最初に配備されたのは、陸攻部隊の十三空と十五空だった。十四年十一月の編成改正により、十二空からは偵察機の配置が無くなり、新たに十三空に偵察機四機と十五空に偵察機二機が配備されることになった。

十三空は支那事変が始まった直後、艦爆と艦戦で編成され、十二空とともに第二連合航空隊を形成、南京攻略などに参加していたが、十三年三月二十二日、部隊改編により、戦闘機一二機と中型陸上攻撃機（中攻）二四機の部隊になっていた。また十五空は十四年十一月十五日、中攻二四機に陸偵六機（定数）を擁する部隊として鹿屋で編成され、第三連合航空隊の一隊となった。

十五年二月には千早猛彦大尉以下、十三空の士官、下士官が北京南苑にいた飛行第四十四戦隊、通称・荒蒔部隊の下を訪れ、九七司偵二型による操縦訓練、整備法などを伝授して貰った。空母の甲板に着艦するため、三点姿勢での着陸を厳しく教えられていた海軍の搭乗員は、陸軍の着陸方法や、夜間着陸の仕方など、その相違点に驚いたという。

「樋端ターン」の成功

十三空の千早大尉以下が、北京で九七司偵二型による伝習教育を受けていた時期、すでに南支では十五空が九八陸偵を使った作戦を実施していた。昭和十五年一月十日に行なわれた桂林攻撃である。海南島海口に展開していた十五空は、この日中攻二七機と陸偵二機を使って奇抜な作戦を実行した。これは新しく飛行長になった樋端久利雄少佐の発案になるものだった。樋端少佐は兵学校五十一期の出身、兵学校、海軍大学校ともに首席で卒業するというエリートだった。

広い中国大陸では日本の攻撃部隊が基地を発進すると、その情報はすぐに進撃針路に沿って狼煙などによって、先へ先へと伝えられ、攻撃隊が目標の飛行場に到達すると敵機はもぬけの空ということが多かった。そのため攻撃部隊は滑走路や格納庫に爆

樋端久利雄少佐。兵学校、海軍大学とも首席のエリートで、実施部隊に来たのはこの時が初めてだった。

弾を落として帰ってくるのだが、滑走路などすぐに修復されてしまう。樋端少佐は第三艦隊の参謀勤務時代からこのことに頭を悩ませ、効果的な戦術がないか考えていた。そしてその戦術は、九八陸偵が配備されることによって可能になった。

すなわち九八陸偵を先行して発進させ、目標とする基地上空の敵戦闘機の配備状況や、地上の配置を逐次報告させる。中攻隊は目標の手前五〇カイリ近くで進撃を止めて旋回し、敵戦闘機が燃料不足になって着陸した時点で、陸偵からの連絡によって突撃、敵基地を爆撃するというものだった。こう書くと簡単そうに思えるが、航空無線が貧弱で空中での機材どうしの連絡が難しい当時の日本軍にとっては、なかなか高度な作戦だった。

この日陸偵一機が天候偵察に当たり、もう一機は敵基地上空から逐次連絡を行なうという戦法で、敵機が地上に下りた時間を狙い、中攻二七機は桂林飛行場に殺到、地上に下りていた二八機を粉砕するという大戦果を挙げた。この戦法は誰いうともなく、「樋端《といばな》ターン」と呼ばれるようになったという。

百一号作戦

九八陸偵が本格的に運用されたのは昭和十五年五月十八日から始まる百一号作戦からであった。前年の十四年暮に行なわれた陸海軍協同による蘭州爆撃の秘匿名称を百号作戦とし、十五年五月から行なわれた四川省の奥地爆撃を百一号作戦と呼んだ。この作戦に参加したのは、海軍が一連空の鹿屋空、高雄空の九六陸攻四八機、二連空の十三空、十四空の九六陸攻八四機、九八陸偵六機、陸軍の九七重爆五四機、九七司偵一五機といった構成だった。海軍は漢口と孝感を基地とし、陸軍は運城を使用した。漢口—重慶の距離はおよそ七五〇キロ。九八陸偵は作戦開始前に重慶、成都などの攻撃対象となる都市周辺の飛行場、軍事施設などを調査し、さらに攻撃部隊の進撃航

出撃前、漢口の指揮所で陸攻の搭乗員が攻撃目標について説明を受ける。

路を策定するための地誌も作成した。航路上の目印となる目標などをチェックしていくのである。これには十三空の陸偵が漢口から、十五空の陸偵は孝感から発進し、情報蒐集に当たった。

爆撃を受ける重慶。四川省のほぼ中央、揚子江と嘉陵江が合流するところにある。

十八日から二十一日にかけては、重慶爆撃の前に敵の航空兵力を撃滅するために、成都、宜賓、遂山など四川省の中国空軍の基地に対して夜間爆撃が実施された。最初の重慶爆撃は五月二十二日午後、十五空の中攻によって行なわれた。この日、二八機の陸攻に先行して一機の陸偵が天候偵察に飛び立ち、さらにもう一機が敵情偵察のために孝感を離陸した。この日も「樋端ターン」が実施された。二八機の中攻は、偵察機の「敵戦闘機着陸」の報を受け、重慶郊外の白市駅飛行場に殺到、在地していた一二機を爆砕して無事帰投した。

二十二日までの航空撃滅戦で、中国空軍機の動きをほぼ封じ込めたと判断した連合空襲部隊司令官は、二十六日に全力での重慶昼間爆撃を命じた。一連空の中攻三六機、十三空の中攻三二機、十三空の九八陸偵二機は午前十一時十五分、漢口を離陸、ほぼ同時に孝感の十五空中攻隊二七機も離陸、ともに重慶を目指した。

漢口を出た攻撃隊は午前一時十五分忠州を過ぎ、重慶の南方五〇カイリ付近で十五空の中攻隊と合同、陸偵からの連絡を待つ。偵察機の連絡により、九五機の中攻は目標の白市駅飛行場と、軍事施設のある小竜坎に殺到した。激しい対空砲火と小竜坎ではI－15の迎撃を受けたものの、被弾機のみで攻撃隊は無事に午後六時半ころ、漢口と孝感に戻った。この攻撃で白市駅飛行場に在地していた六機を破壊、小竜坎の軍事施設にも多大な被害を与えたと判断された。

零戦初空戦を領導

その後も九八陸偵は奥地爆撃の天候偵察、部隊誘導、戦果確認に任じたが、八月二十日をもって、連合空襲部隊としての作戦は終止符を打った。百一号作戦に参加した海軍の中攻は延べ三七一五機、出撃回数は一八二回。陸軍は九七重爆が計二一回、延べ六〇〇機が作戦に参加した支那事変中、最大の航空作戦であった。

この間、海軍航空にとって特筆すべきことがあった。零式艦上戦闘機、零戦の登場である。十五年七月十五日、まだ制式採用になる前の十二試艦上戦闘機六機は横須賀航空隊の横山保大尉に率いられ、漢口飛行場に到着した。この新型戦闘機は、中攻に随伴して重慶まで行くことが可能だという。中攻の単独進攻で、敵戦闘機に苦しめられていた連合空襲部隊にとっては、まさしく救いの神であった。

九八陸偵の登場により、中攻隊の戦術は新しい段階へと進んだ。

現地での様々なトラブルを改修して制式採用になった零戦が初出撃したのは八月十九日のこと。十二空に所属する一三機は、漢口から西に三〇〇キロの前進基地宜昌に移動、その後十三空、十五空連合の九六陸攻五四機と空中で合同して重慶爆撃に向かった。ところがこの時、中国側は新型戦闘機の襲来を予知してか、迎撃戦闘機は現れず、零戦は地上銃撃をしたものの、空中戦の機会はなかった。八月二十日の百一号作戦最終日も零戦は一二機が出撃したが、この日も中国空軍機は現れず、零戦の出撃は空振りに終わった。

百一号作戦が終了した後も二連空は単独で奥地攻撃を

十二空所属の零式艦上戦闘機一号。写真は昭和16年になってから撮影されたもの。

行なったが、その攻撃には十二空の零戦が随伴した。九月十二日に行なわれた重慶近郊、李家花園に対する攻撃では二七機の陸攻に零戦一三機が随伴した。この日戦果確認に出撃した九八陸偵が、攻撃部隊が重慶を去った後、中国空軍機三二機が現れ、凱旋するかのように重慶上空を飛行する姿を目撃した。

この情報を得て、二連空は敵の裏をかく作戦を立てた。爆撃終了後、攻撃部隊は帰途に就くが、途中で零戦隊のみ反転、重慶上空に戻った敵戦闘機を襲おうというのである。

作戦はすぐに実行に移された。翌十三日の十三空陸攻二七機が出撃する第三十五次重慶爆撃である。この日、零戦隊は漢口を午前七時に離陸、前進基地の宜昌に進出。同基地で燃料を補給した後、千早猛彦大尉の搭乗する十三空の九八陸偵とともに正午、宜昌を離陸した。九八陸偵は中攻隊との合流地点、培州まで誘導した。さらに別の陸偵からは、重慶近郊の基地から中国軍機が次々と離陸し、退避している様が報じられた。

　午後一時三十五分、攻撃部隊は重慶上空に到達。この日の爆撃目標は蔣介石を含む政府要人の居住する重慶D地区とされた。爆撃高度六六〇〇メートルから投下された二五〇キロ爆弾と六〇キロ爆弾は目標に全弾命中した。

　爆撃終了後、攻撃部隊は漢口に向け帰途に就いたが、零戦隊は重慶の東七〇キロまで来たところで反転、再び重慶に向かった。午後二時、高度六五〇〇メートルで重慶上空に進入した零戦一三機は、高度五〇〇〇メートルを飛行するI－15とI－16約三〇機を発見、襲いかかった。約三〇分にわたる空中戦で、中国軍機の姿はまったく見えなくなった。零戦隊は被弾機があったものの、全機無事に午後四時には宜昌に戻った。零戦神話の誕生であった。

十三空の解隊と陸偵隊の移籍

　連合空襲部隊が百一号作戦を終えて以降、単独で奥地爆撃を行っていた十三空は昭和十五年十一月十五日に解隊された。これは昭和十四年の第七十四回帝国議会において、米国の第三次ビンソン計画に対抗して上程された第四次軍備拡充計画に基づくものだった。この計画により特設航空隊を廃し、新たに陸攻の常設航空隊二個が編成されることになった。同様に南支で活動していた十五空も解隊された。そして新しく作られたのが美幌空と元山空である。十三空陸偵隊は十三空の解隊に伴い、十二空に移動となった。

十二空に転属になった陸偵隊の行動の機会は間もなく訪れた。十二月二十九日、零戦、九七艦攻に随伴し、二機の九八陸偵が成都攻撃に参加した。偵察の中島一郎二空曹が偵察を務める一機は、午前八時に漢口を離陸、途中宜昌を経由して十時十五分、成都上空に到達した。成都近郊の鳳凰山飛行場には大型機五機が在地、天候情報と敵情を伝えた。もう一機の大友竜三二空曹機は、宜昌から零戦隊を誘導して成都に向かった。午後一時十分、成都上空着。零戦隊は鳳凰山飛行場の地上銃撃を行い、午後二時、九八陸偵の誘導を受けて帰投した。

十二空陸偵隊の活躍

昭和十六年が明けてからも、陸偵隊は天候偵察、味方の誘導、敵情偵察などに奮戦した。一月十四日重慶爆撃、十五日衡陽爆撃、二十日南鄭爆撃、二十二日成都爆撃といった具合である。二月には三日に衡陽の敵情偵察、四日には重慶の天候偵察、五日には零戦を南鄭に誘導、十九日には成都偵察と任務を遂行した。

三月になると中国空軍は蘭州を経由して、四川省の成都方面に航空機を集中させつつあるという情報が入った。陸偵隊は二日、三日、五日と成都近郊の敵飛行場を偵察、三月十四日には零戦隊による成都攻撃に随伴した。

中攻隊を脅かしたI－16も零戦の敵ではなかった。

I－15は複葉で格闘戦に向いていたが、これもまた零戦には歯が立たなかった。

この日、大友竜三二空曹が偵察員を務める三号機は、宜昌を午前七時四十分に離陸、午前十時に成都上空に到着、天候状況を打電した後、双流飛行場に敵機二〇機余りが在地していることを発見、基地に報告した。さらに太平寺飛行場にも一〇機の戦闘機を発見、この情報を元に横山保大尉の率いる零戦一二機はI－16、I－15と交戦、二七機を撃墜破するという戦果を挙げた。

この後、十八日にも零戦と艦攻が重慶を攻撃し、陸偵は天候偵察、敵情偵察、零戦の帰投時の誘導・収容を行なった。この後も十二空陸偵隊は蘭州攻撃や、七月二十七日に始まる百二号作戦にも参加、寡兵ながら大いに作戦に貢献した。

十二空の解隊と新たな部隊の編成

この時期日米の緊張は極度に高まりつつあり、大本営は日米開戦止む無しの方向へと舵を切りつつあった。開始から一カ月余りの八月末に百二号作戦は急遽終了、海軍航空部隊は対米戦に向け、中国大陸から引き揚げることになった。支那事変開始以来、中国大陸で一貫して作戦に従事してきた十二空も、八月二十日のオ号作戦を最後に作戦行動を終了、九月二十日付で部隊は解隊となった。そして十二空陸偵隊は、十六年十月一日付で編成された戦闘機部隊の台南海軍航空隊（台南空）と、台湾・高雄にあった陸攻部隊、第三航空隊（三空）に編入されることになる。

台南空の開隊時の定数は、戦闘機七二機、陸偵一二機というもので、第二十一航空戦隊（二十一航戦）に所属し、開戦時にはフィリピン攻略作戦に従事することになった。また三空は昭和十六年四月二十日に編成された時点では陸攻部隊であったが、九月上旬、鹿児島県の鹿屋に帰還した際に戦闘機隊に衣替えし、戦闘機七二機、陸偵一二機の部隊となった。この時点で十二空の陸偵隊が編入されたことになる。三空は二十三航戦に属し、やはり開戦時はフィリピン攻略戦に参加することになった。また二十二航戦に所属する陸攻部隊・美幌空と元山空は陸軍が主体となるマレー攻略部隊に参加することになっていたが、二十二航戦には戦闘機部隊が所属していなかったため、三空から戦闘機一八機と陸偵三機が派出され、二十二航戦戦闘機隊（山田豊部隊）として作戦に協力することになった。

九八陸偵一二型の登場

海軍では昭和十四年十一月に九八陸偵を制式採用した後も、性能の向上をめざし、三菱に対して発動機の換装を指示した。発動機がそれまでの「瑞星」から「栄」一二型に換装されることにより、最大速度は四六一・九キロ／毎時から四八七キロ／毎時と、ほぼ二〇キロ向上した。この一二型は昭和一六年七月に採用になったとされ、中国本土での作戦が終了し、太平洋戦争の準備が始まった時点で、部隊配備が始まったと推測される。栄エンジンを装備した一二型のカウリングの形状は、同じく栄一二型

発動機を零戦と同じ栄に換装した九八陸偵一二型。プロペラが三翅になり、カウリングの雰囲気は零戦とそっくりになった。

を搭載した零戦二一型とよく似ている。

太平洋戦争の開戦

昭和十六年十二月八日の太平洋戦争開戦に先立ち、陸偵部隊は行動を始めた。十二月一日、三空の木崎義丸一飛曹機（操縦・高橋武志三飛曹）と前原眞信一飛曹機（偵察・宮崎国三一飛）は、フィリピンの隠密偵察を行なった。木崎機はクラークを中心としたルソン島を偵察し、前原機はカガヤン島を偵察して不時着に適した場所がないか捜索した。この種の偵察は二日、四日にも行なわれ、フィリピンのアメリカ軍飛行場、港湾施設、在泊艦艇の情報蒐集が実施された。

一方、台南空陸偵隊は十二月二日に松田

義雄中尉機がルソン海峡の敵情偵察を行なったが、艦艇を発見することはできなかった。四日には工藤重敏三飛曹機（偵察・山崎静雄一飛）がイバ、クラークの飛行場を偵察、イバに二〇機以上、クラークには一〇〇機を超える米軍機がいることを通報した。

　これらの偵察情報により、開戦日当日の攻撃部署が決定された。すなわち高雄空半隊と鹿屋空の一部、三空戦闘機隊がニコルス飛行場を、高雄空半隊と一空、台南空がクラーク飛行場を襲うというものであった。

　ところが十二月八日早朝、台湾南部から中部は濃い霧に包まれ、攻撃部隊は当初の予定からはるかに遅れて出撃することになった。当初、クラーク、ニコルスを午前七時半に攻撃するという予定は大幅に狂い、実際に攻撃部隊が目標地点に到達したのは午後一時半過ぎ、六時間遅れの攻撃となった。しかし結果的にはこれが幸いし、午前中迎撃のために上空に上がっていた米国の戦闘機が燃料補給のため、いったん地上に下りた時に攻撃が行なわれ、日本側はほとんど被害なく、大半の米軍機を地上で破壊することができたのである。

　この太平洋戦争第一撃の戦果を確認するために、台南空からは分隊長の美坐《みざ》正己《まさき》大尉（兵六十五期）機以下二機の陸偵が発進し、クラーク、デルカメルン、イバの各飛行場を詳細に偵察、初日にして在フィリピンの米軍航空兵力の約半数を破壊したと判定した。

一方、マレー部隊に派出された三空の九八陸偵は、南部仏印のソクラトンからマレー半島、シンガポールの敵情偵察に当たっていた。二十二航戦が一番神経を使っていたのは、イギリス本国から極東に派遣されたZ艦隊と呼ばれた戦艦プリンス・オブ・ウェールズとレパルスの動向であった。キングジョージ五世型と呼ばれるプリンス・オブ・ウェールズは最新鋭戦艦であり、旧式戦艦金剛と榛名しか持たない南方部隊には大きな脅威だったからだ。

二十二航戦麾下の陸攻部隊、元山空と美幌空は開戦第一撃として、十二月八日未明、シンガポール爆撃を企図しており、そのための天候偵察、敵情偵察、航路策定が陸偵部隊には命じられ、十二月四日からそのための隠密偵察が行なわれた。

十二月七日午後十一時四十五分、元山空二六機はサイゴンを離陸、美幌空も日付が変わった午前〇時十五分、ツドウムを発進、それぞれシンガポールを目指した。この日、天候偵察機が進撃航路上の天候を逐次打電してきていたというが、それは陸偵ではなく、陸攻だったと推測される。夜間の天候偵察は陸偵では困難だからだ。結果、天候偵察機の情報をうまく利用できた美幌空は午前五時過ぎ、シンガポールの爆撃に成功したが、元山空は途中、天候不良のため引き返さざるを得なかった。

Z艦隊を誤認

開戦翌日の九日、ソクラトンを発進した九八陸偵は、シンガポールのセレター軍港を強行偵察、Z艦隊の在泊状況を調べた。偵察の結果、Z艦隊の戦艦二隻、巡洋艦四、駆逐艦四がセレター軍港に停泊中と打電してきた。情報は九日午後二時半、二十二航戦司令部に届けられ、翌日陸攻で大型爆弾を使ったセレター軍港爆撃が企図された。爆弾で戦艦を撃沈することは難しいが、敵が洋上に出て来ないのであれば仕方がない。上空からの爆撃しか方法はなかった。

ところがその偵察情報は誤りだった。実際はZ艦隊はコタバルに上陸しようとしている陸軍部隊を乗せた輸送船団を攻撃するため、すでにシンガポールを出港、北上していたのである。その姿が伊号六十五潜水艦によって捉えられ、九日午後三時過ぎに打電され、二十二航戦司令部には午後五時過ぎに届いた。驚いた司令部では陸偵の偵察写真を再度確認したところ、戦艦と判断された艦影は大型輸送船と判定された。改めて麾下の部隊に対しては、Z艦隊に対する夜間攻撃が令せられ、美幌空、元山空の九六陸攻と、鹿屋空の一式陸攻が夕闇のなか、敵を求めて発進していった。

この後のマレー沖海戦の展開は、陸偵部隊の活動からはずれるので、ここでは詳述しないが、九日夜半の出撃は、結局天候不良もあって攻撃部隊は引き返し、攻撃は翌日に繰り延べられた。十日にもソクラトンから陸偵二機がZ艦隊の索敵に出撃したが、陸偵は敵艦隊を発見することはできなかった。索敵に成功したのは元山空の九六陸攻で、その情報で八四機の陸攻がZ艦隊に殺到、二隻の戦艦を撃沈することに成功したのである。この海戦は航行中の敵主力艦を、航空機が撃沈した戦いとして歴史にその名を刻む結果となった。

フィリピン攻略から蘭印攻略へ

開戦日翌日の九日には台南空の陸偵一機が零戦一二機と一空の九六陸攻七機によるニコルス飛行場攻撃に同行した。十日には三空の乙須《おとす》徳次《とくじ》飛曹長機以下三機で、マニラ周辺の敵飛行場攻撃に向かう横山保大尉の指揮する零戦三四機を誘導、戦果確認を行なった。十一日には航空総攻撃はなかったが、偵察機はその中でも出撃し、三空の陸偵がクラーク、デルカメルン、オロンガポなどの飛行場の状況を偵察、報告した。フィリピンの米軍基地に対する航空撃滅戦は予想外に順調に推移し、海軍航空部隊を統べる第十一航空艦隊は、十三日にフィリピンの航空撃滅戦は概成したと判断した。

航空撃滅戦は終了したものの、その後も台南空はリンガエン湾、ラモン湾に上陸する陸軍部隊の上空援護、フィリピンを脱出しようとする艦艇の捜索に当たった。

その一方で、ボルネオ島、セレベス島攻略のため、三空は十二月二十三日にフィリピンのダバオに、台南空は二十六日にホロ島に進出、陸偵部隊もそれぞれ新たな基地から偵察任務に当たった。この時期、台南空の陸偵隊は主にボルネオ島の偵察に、三空陸偵隊はセレベス島の偵察に当たった。

三空はセレベス島のメナドに行なわれようとしていた落下傘降下作戦のための偵察に従事した。十七年一月五日からメナド方面の偵察を行なった三空陸偵隊は、メナド周辺、ハルマヘラ諸島の敵情偵察を行ない、上陸作戦の地誌製作に貢献した。メナド降下作戦は一月十一日に実施され、分隊長鈴木鉄太郎大尉自ら陸偵に乗り、落下傘部隊降下直前のメナド偵察を行ない敵情を報告した。翌十二日には占領したばかりのメナド飛行場に乙須徳次飛曹長が操縦する陸偵一機が零戦とともに進出した。

その後も三空偵察機隊はセレベスのケンダリー、マカッサルの攻略作戦に協力した。

ジャワ攻略、そしてラバウルへ

一方、台南空偵察隊はボルネオのバリクパパン攻略、タラカン島攻略の偵察を行ない、一月二十五日には攻略したばかりのバリクパパンに進出した。この地からスマトラ、ジャワ、バリの各島を攻略するための偵察が行なわれた。二月五日には台南空、三空、高雄空によるスラバヤ方面の航空撃滅戦が開始され、台南空の陸偵は零戦の誘導に当たった。二月十八日には占領されたばかりのマカッサル基地に台南空が進出した。その後もオランダ領インドシナの作戦は順調に推移し、三月九日には蘭印作戦も終了した。

蘭印作戦終了後、二十三航戦に所属する三空は続けてクーパン、ケンダリーから南西方面への作戦、オーストラリアのポート・ダーウィン攻撃などに従事することになった。最終的に三空の陸偵は、チモール島のクーパンに進出し、ポート・ダーウィン近郊の敵飛行場偵察に当たることになる。

一方、台南空陸偵隊はバリ島で休養、整備に当たっていたが、十七年四月一日付で新たに編成された二十五航戦の麾下部隊となり、一月二十三日に占領されたラバウルに進出が命じられた。転出した美坐正己大尉に替わって、新たに林秀夫大尉が分隊長を務める台南空偵察部隊が、ラバウルの東飛行場に進出したのは十七年六月中旬のことであったとされる。

この時点で台南空偵察隊に命じられたのは、ポート・モレスビー攻略のための地誌作成であった。ニューギニア島東南端にあるオーストラリア領ニューギニアの首都であるポート・モレスビーは、軍事上でも米豪を分断するための拠点であると考えられ、その占領が第一段作戦終了後の大きな目標とされていた。

六月二十八日には早速、工藤重敏二飛曹機と木塚重命中尉機の二機がラエを発進、ニューギニア島北部のブナからオーエンスタンレー山脈の麓にあるココダまでのルート偵察を行なった。この偵察は繰り返し行なわれ、陸軍の進撃のための地誌が作成された。この偵察と並行してポート・モレスビー近郊の飛行場、軍事施設の偵察も念入りに行なわれた。

一方で、陸偵隊はラバウル上空の哨戒も命じられ、敵機接近の警報により発進、敵機を発見して基地に打電、零戦隊の発進を促すという任務が課せられた。この行動は「進撃哨戒」と呼ばれ、この後陸偵隊の重要な任務となる。七月八日には警報で発進した陸偵一機がB－17を発見、追跡したが見失った。

新しい偵察機の登場

十七年七月十日、台南空に新しい偵察機が配備された。二式陸上偵察機（二式陸偵）である。二式陸偵は、昭和十三年に中国の奥地爆撃を行なう陸上攻撃機に随伴す

九八陸偵の後継機となる筈だった二式陸偵はスピード不足もあり、後に夜間戦闘機「月光」へと改造された。

る戦闘機として考案され、十三試双発陸上戦闘機として開発が進められていたが、戦闘機としては不適ということで、偵察機として採用されたものだった。双発であり、操縦員とは別に偵察員、電信員が乗ることから、二座の陸偵に較べ航続距離が長く、偵察能力にも勝ると期待されていた。しかし最大速度は五〇七キロ／毎時で、敵戦闘機の追従を振切るといった司令部偵察機のような使用は無理だった。二式陸偵の登場により、九八陸偵は基地の上空哨戒や、ニューギニアのブナ、ガスマタといった、比較的近距離の偵察が割り振られるようになった。

九八陸偵、新しい任務

十七年八月七日、米軍は突如日本軍が飛行場を建設していたガダルカナル島に上陸、ここに熾烈な攻防戦が始まった。米軍のB－17による空襲も格段に頻度を増した。「進撃哨戒」に当たっていた九八陸偵にも哨戒だけでなく、攻撃の一翼を担わせることができないかということが検討された。そこで考え出されたのが、九九式三番三号爆弾を九八陸偵に搭載し、B－17の編隊に対して投下しようという戦法だった。

三番三号爆弾は、元来飛行場制圧用の爆弾として開発されたが、空中の編隊を攻撃することができるよう改良された。重量は三三キロで、昭和十五年に採用されたが、実際に使用されたのは太平洋戦争が始まってからである。空中で投下されると、タイマーが作動し炸裂、一四四個の弾子が一五〇メートル／秒で飛び散るというもので、尾翼と中翼が捻じれており、旋転しながら散開する構造になっていた。

空の要塞と呼ばれたB－17にも陸偵は果敢に挑んだ。

九八陸偵には爆弾架の装備がないため、フィリピンの航空廠で機体に改造が施された。増槽架を改造し、そこに三番三号爆弾二発を装着できるようにしたのである。この九八陸偵による三号爆弾の使用が、いつから行なわれたのかは判然としないが、残された戦闘行動調書によれ

九八陸偵が対B－17に使用した三号爆弾。本来は飛行場制圧用の爆弾だった。（写真提供＝杉山弘）

ば記録されているものとしては、八月二十九日に工藤二飛曹の操縦で、八機のB－17に対して使用し、一機を撃墜、一機を撃破したとされるのが最初とされている。

九八陸偵、最後の闘い

昭和十七年十一月一日、外戦部隊の航空隊名が変更になり、三桁ないし四桁の数字に変更された。台南空は二五一海軍航空隊（二五一空）となり、三空は二〇二空となった。また新たに六空を改称した二〇四空、鹿屋空戦闘機隊が改称した二五三空にも十一月の時点で偵察機が定数として付加され、最初は九八陸偵が配備された。

二五一空となった台南空の偵察機隊は、十一月三日に上別府義則一飛曹機がガダルカナル島からほど近いサンクリストバル島方面に敵の大型輸送船を発見した。五日には陸偵一機が来襲したＢ－17の邀撃を行なった。この後、二五一空は部隊再編のため、内地帰還を命じられ、台南空―二五一空における九八陸偵はその任務を終えた。二五一空偵察機隊は、半年後に夜間戦闘機月光を持って、ラバウルに戻って来ることになる。

最初は九八陸偵を使って、ガダルカナル方面の偵察を行なっていた二〇四空、二五三空には、百式司偵が十七年十二月になって配備された。百式司偵二型の最大速度は六〇〇キロ／毎時を超え、敵戦闘機の追従を振切って偵察が行なえる。百式司偵は急速に九八陸偵と交替する結果となった。支那事変から海軍の作戦にも大きく貢献した九七司偵、九八陸偵はついに一線からは姿を消すことになった。

九八陸偵の生産機数は、一一型（Ｃ５Ｍ１）が二〇機、一二型が三〇機、総計五〇機というわずかなもので、一線を退いたあとは連絡機などとして使われたようだが、終戦まで残った機体はほとんど無かったようだ。

九六陸攻——マレー沖、我らが最良の日

1941.11.28－1941.12.10

昭和16年12月10日、サイゴン基地を離陸する元山空の九六式陸上攻撃機。

映画の中の記憶

昭和十七年十二月八日、開戦一周年を記念して東宝映画『ハワイ・マレー沖海戦』が封切られた。この映画のマレー沖海戦の部分は、十七年の十月にマレー方面の進攻作戦が一段落し、内地に帰還していた美幌空の機材と搭乗員をエキストラに使用して木更津基地で撮影された。実際にマレー沖海戦でレパルスに二五番（二五〇キロ）爆弾を投下した美幌空・岩崎嘉秋《いわさきよしあき》二飛曹も撮影に参加、映画に出演した原節子と一緒に撮ってもらった記念の写真が岩崎の手元に大切に残されている。撮影の日は上天気。出撃シーンを撮影するということで、轟音をたてての離発着を何回かやったという。

映画『ハワイ・マレー沖海戦』の撮影時に原節子と一緒にカメラに収まる岩崎嘉秋二飛曹。

映画には「ぼんさん」の愛称で呼ばれる谷本少尉という偵察機の操縦員が出てくるが、これは実戦でイギリス東洋艦隊を発見した帆《ほ》足正音《あしまさと》予備少尉がモデルだ。予備学生時代同じ釜の飯を食った田《た》村倉由《むらくらよし》によれば、少尉は「小柄で温和な白面の好青年」であったというから、俳優の柳谷寛が扮するいかつい、豪放そうな谷本少尉ではちょっとイメージが違う。その少尉機が放った敵発見電によって幕が切って落とされた歴史的大海空戦の一日を、九六陸攻の搭乗員の眼を通して追ってみることにしよう。

　昭和十六年十二月十日午前六時二十五分（以下時間は日本時間、現地時間は午前四時五十五分）、元山航空隊の索敵機、九六陸攻九機はまだ明けやらぬ南シナ海に向け、サイゴンの基地を離陸していった。指揮官は牧野滋次大尉。大尉自ら九本ある索敵線のうち、最も会敵の可能性が高いとされる四番線を飛び、次席士官となる帆足少尉が三番線を担うことになっていた。帆足機はG－334号。機長である少尉は主操縦員として、操縦桿を握っていた。

　じつはサイゴン、ツドウムに展開する各航空部隊は前日の九日、伊号第六五潜水艦が英東洋艦隊を発見、その報を受け

イギリス艦隊を発見した殊勲の帆足正音少尉は７期飛行予備学生の出身だった。

元山空一中隊一小隊二番機の機長、大竹典夫一飛曹は、支那事変からの古参搭乗員だった。

鹿屋空第三中隊長を務める壹岐春記大尉は、兵学校61期の出身。

て日没前からイギリス東洋艦隊を求めて南シナ海を飛び回り、深夜にかけて帰投したばかりだった。元山空第一中隊第一小隊二番機の大竹典夫《おおたけつねお》一飛曹は、九日午後七時ごろ、サイゴン基地を飛び立ったが、カモー岬沖で雨となり、ほとんど見えない海面を這うように四時間あまり飛んで、基地に戻ったのは日にちが変わろうとする午前〇時少し前のこと。

鹿屋空第三中隊長の壹岐春記《いきはるき》大尉も一式陸攻で前夜出撃して帰投した。大尉は午後六時十五分ツドウム基地から第三中隊九機を率いて出撃したが、雨雲に行くを阻まれ早々と二五番爆弾二発を海上に投棄、戻ってきたのだった。それから夜を通しての魚雷装着作業が始まった。

美幌空の岩崎二飛曹はその日、昼間クァンタン飛行場爆撃を行なっていたため、夜間の出撃はなかった。十日は索敵攻撃ということで、二五番（二五〇キロ爆弾）二発を胴体下に懸架する作業を終えていたが、明け方近く伊五八潜が東洋艦隊に接触したとの電報が入ると、索敵取りやめ、雷装が命じられた。「海軍の飛行機乗りとしては雷撃をやれれば本望」と思っていた二飛曹は欣喜雀躍した。しかし一転、再び爆装が命じられ、二飛曹はがっかり。「まだまだ戦争は始まったばかり。ここで焦らなくても」と自分を慰めるしかなかった。

英東洋艦隊現わる

マレー沖海戦に参加した陸攻部隊は鹿屋、元山、美幌の三航空隊、計八四機であるが、このうち九六陸攻は甲空襲部隊と呼ばれた元山空、乙空襲部隊の美幌空の合わせて五八機。残る丁空襲部隊の鹿屋空二六機が一式陸攻で、その鹿屋空とて九月に九六陸攻から一式に機種改変したばかり、一式での実戦参加はこの戦いが初めてであった。

これら航空部隊は第一航空部隊と称され、昭和十六年一月に新編されたばかりの第十一航空艦隊に属し、第二十二航空戦隊司令官の松永貞一少将が指揮していた。第一航空部隊は近藤信竹中将の指揮する南方部隊の麾下にあり、さらにその下位に位置する小澤治三郎中将指揮の馬來（マレー）部隊の指導を仰いでいた。

イギリス海軍が最新鋭艦のプリンス・オブ・ウェールズと、若干旧式ではあるが高速戦艦のレパルスをシンガポールに向けて回航していることを、日本側が察知したのは十一月二十八日。セイロン島のコロンボ港に入港した同艦隊を、イギリス側は日本を牽制するためのプロパガンダとして鳴り物入りで報じた。当初、陸軍のマレー半島攻略のために元山、美幌の両航空隊だけで充分間に合うと考えていた大本営、連合艦隊は、急遽フィリピン攻略部隊とされていた鹿屋空一式陸攻部隊六個中隊のうち、半分の三隊をマレー支援にまわすことにしたのである。その時、壹岐大尉は、台湾の台中基地からサイゴンに進出するよう命じられ、「イギリス艦隊とやるのだ」、と嬉しいと思う反面、その年の三月に行なわれた連合艦隊相手の戦技訓練で下された、雷撃部隊の被撃墜率は六〇～七〇パーセントという判定が頭を過ぎり、「生きて帰れない、来るべきものが来た」と覚悟したという。

九機の索敵機を放った直後、伊五八潜の敵発見の知らせを受けた第一航空艦隊司令部は、索敵機の敵発見を待たずに攻撃部隊を発進させることにした。索敵の成果を待っていると、万が一、第二次攻撃の必要が出た際、日没に間に合わなくなる可能性があると判断したからである。

サイゴンでは大竹一飛曹が中西二一《なかにしつぎかず》少佐の指揮する第一中隊第一小隊二番機の主操縦員として出撃を今や遅しと待ちかまえていた。普段一飛曹は操縦席前部、雷撃照準器を装着する横棒に自分の懐中時計を掛けていたが、その朝は偵察の富田三夫一飛曹に「今日は雷撃照準器を設置するのだから、そこに時計をぶら下げるな」と言われてはっとした。爆撃では偵察員が照準器を扱うが、雷撃は主操縦員が照準する。その雷撃照準器に雷撃針路に入る前に的速（目標とする敵艦の推定速度）と方位角（自機と目標との角度）を自分で入力しなければならない。そして照準器は必要に応じて横棒の上を移動させる。そのために邪魔なものは置くな、と

洋上を編隊で飛行する元山空陸攻隊。写真は訓練時のものだが、12月10日もこのような光景が見られたことであろう。

ツドウム基地の粗末な兵舎の光景。ツドウムは鹿屋空と美幌空が使用していたため、過密状態だったという。

富田一飛曹は言ったのである。今日は訓練ではない、実戦で雷撃するのだ、という緊張が大竹一飛曹の体を走った。

午前七時五十五分、発進が下命され中西少佐を一番機として三個中隊二六機が離陸。

ツドウム基地では鹿屋空の藤吉直四郎司令が、出撃する攻撃隊に「千載一遇の好機であり、各隊全力でやれ。靖国で会おう」と訓示した。午前八時十四分、宮内七三少佐率いる一式陸攻二六機は全機、雷装して出撃。一式陸攻は九六陸攻の搭載する九一式魚雷改一より炸薬量が五〇キロあまり多い、改二を積んでいた。

割を食う九六陸攻

鹿屋空と同じツドウムにいた美幌空の岩崎二飛曹は、白井義視少佐直率の第一中隊第二小隊二番機として発進準備をしていた。しかし出撃の順番はなかなかまわってこない。どうも鹿屋空の一式陸攻が優遇されているような気がしてならない。そもそも美幌空がサイゴンの北北西一〇カイリ（約十八キロ）ほどのところにあるこのツドウム基地に移動してきたのは十一月二十四日。サイゴンがエールフランスの就航している国際線の飛行場であったのに対し、ツドウムは一二〇〇メートルの滑走路が一本しかないこぢんまりした基地だった。美幌空の九六陸攻三〇余機が移動してきた時はゆったりしてみえたが、七日に鹿屋空がサイゴンから進出してくると急に手狭になり、何事につけ美幌空は割を食わされているように思えた。事実、この日も鹿屋空の雷装が優先され、美幌空の九六の兵装転換は後回しになった。この辺の事情は、一式が優遇されたというよりも、鹿屋の藤吉司令が美幌の近藤勝治司令より兵学校で一年先輩だったことの方が影響していたのではないか、というのが壹岐氏の推測である。

美幌空の九六陸攻が編隊で飛行する。

　結局、美幌空の一番手、武田八郎大尉の指揮する

英国東洋艦隊の旗艦、プリンス・オブ・ウェールズ。

第二中隊が発進したのは午前八時二十分、続いて雷装した高橋勝作大尉の第四中隊が八時四十五分に、そして八時五十五分にようやく白井中隊が発進を開始。

岩崎二飛曹は副操縦席の座席の上に立って、天蓋を開け四方に注意を配りながら、メインパイロットの沼野利朗一飛曹に右手で指示を出しつつ、離陸点まで機を誘導する。八機は緊密な編隊を組んで南へ向かった。全部隊のしんがりとなった美幌空大平吉郎大尉指揮の爆装八機が離陸したのは午前九時半のこと、すでに鹿屋空部隊は二〇〇カイリ（三七〇キロ）近く先を行っていたことになる。しかし、しんがりから二番目となる岩崎二飛曹らの白井中隊が戦場一番乗りを果たすとは神ならぬ身の誰が予想し得たであろうか。

九本の索敵線を行く索敵機から、敵発見の報はまだ入電していなかったが、気象情報は逐次入ってきた。それによれば天候は昨晩よりはかなり回復し、雲量は多いものの、雲高は二五〇〇メートル以上あり、視界もよいと判断された。各索敵機は九時半から十時半の間にそれぞれ予定の索敵線の南端に達し、折り返して西に向かい、さらに折り返す途中にあった。三番索敵線を行った帆足機はサイゴンから進路一九七度で南下、サイゴンから五〇〇カイリの地点を午前十一時三分に反転、マレー半島に沿うかたちで北上しつつ、午前十一時四十五分、英東洋艦隊を発見するのである。

「一一四五、敵主力見ユ。北緯四度、東経一〇三度五五分。針路六〇度」。この時、帆足機の発した「甲電波」を美幌空と元山空の第一中隊、第二中隊は直接受信、イギリス艦隊に向け針路を変更した。

爆弾命中

白井大尉の搭乗する第一中隊一番機の電信員丸山祐一飛曹も帆足電を見事にキャッチ、暗号を解読し機長に報告した。この時、白井中隊はまだサイゴンから二〇〇カイリ余しか来ていなかった。鹿屋空が攻撃線の突端まで行って折り返している間、白井隊はまだその半分も行っていなかったのだが、そのことが幸いした。白井隊は針路をわずか三〇度西に傾け、四五分後の午後〇時三十分に英東洋艦隊を発見する。

岩崎二飛曹も断雲の合間から青い海に伸びる白い航跡を見つけた。二本は太く、三本は細い。体をぞくぞくするような、電流が駆け抜けたような気がした。距離はまだ

巡洋戦艦レパルスは旧式艦だったが、二度の改装により武装を強化、30ノットの高速を出せた。

一万メートル以上あろうか、爆撃のために編隊で敵艦隊の進路と反航するかたちになったとき、一斉にイギリス艦隊から対空射撃が開始された。その猛烈な砲火に二飛曹は度肝を抜かれた。真っ黒な弾幕に一瞬、敵艦隊がまったく見えなくなる。これが噂に聞いたポムポム砲か、と二飛曹は思った。プリンス・オブ・ウェールズには一分間に六万発を撃てる八連装の四〇ミリ対空機関砲、通称ポムポム砲が付いていると聞かされていた。

一番機白井機の偵察員は爆撃特修科出身の今井勇吉一飛曹。編隊を組む他の機はこの爆撃のエキスパートの乗る一番機の一挙手一投足に注視している。爆撃高度三〇〇〇メートル、白井中隊長は二五番爆弾を一航過一弾投下、二航過で必中を期した。目標は針路の関係から二番艦のレパルスに定められた。八機が緊密した隊形を保ち、一番機の投下とほぼ同時に他の機も投下、逆三角形

美幌空白井中隊の爆撃により被弾、煙を上げるレパルス。右上がプリンス・オブ・ウェールズ。左下の弾着は公式写真ではカットされた。

の爆弾の網で目標を包むのだ。岩崎機の機長でもある偵察員の、長嶺惣弥一飛曹が正副操縦席のすぐ後ろにある昇降扉の偵察窓に装着されたボイコー（爆撃照準器）を覗きながら、機位の修正を指示してくる。「ちょい、右、よーそろー」「ちょい、左、よーそろー」。爆撃針路に入った編隊は、何があろうとその隊形を崩してはならない。戦闘機に襲われようと、対空砲火に包まれようと、である。「投下用意！」という言葉がレシーバーを通して聞こえると、息を詰める。それから次の命令までがひどく長く感じられた。「てーっ！」二五番が機体から離れ、八機の八発がいっせいに落ちていく。時に午後〇時四十五分。二〇秒後、弾着がレパルスの周りを包んだ。「命中したーっ、見ろ、見ろ」。長嶺一飛曹の興奮した声に偵察窓から下を覗き込むと七本の水柱と同時にレパルスの後部甲板に上がる紅蓮の炎が見えた。見事八発のうち一発が命中したのである。岩崎二飛曹はそれまでの胸のつかえがいっぺんに取れたような気がするとともに、喜びが込み上げてきた。しかし二飛曹が自分の操縦席に戻りかけたとたん、大きな衝撃が機体を震わせた。左翼前縁から青黒いオイルが流れ出している。左翼のオイルタンクが被弾したのだ。岩崎機は二航過めの攻撃は不可能と判断し、指揮官機に連絡して戦線を離脱せざるを得なかった。

魚雷投下！

一方、帆足電が発信された時、元山空大竹機はすでにアンバナス諸島を南に下り、シンガポールの線近くまで至っていた。雲量は五から八くらい、ところどころ断雲があるものの視界は良好。大竹機では帆足機の電文を受信し損なったが、一番機が右旋回した様子から、敵が発見されたのではないかと思った。十二時ごろのことである。一番機が間もなく食事を始めるのを見て、大竹機もそれにならう。皆が交替で主計科の心尽くしの弁当を開いた。のり巻きと卵焼きである。大竹一飛曹は急いで弁当を口に押し込み、副操の藤原聖一飛と食事を替わった。その直後、一番機がざわめいているように見えた。中西大尉が窓越しにこちらを向いて海面の方を指さしている。「機長、ト連送！」電信員の山本鋭三二飛曹と、偵察の富田三夫一飛曹が「敵艦発見！」と叫ぶのがほぼ同時だった。一番機が大きくバンクしながら右に針路を取り、突っ込んでいく。大竹一飛曹は全員に攻撃の手順を復唱しろ、と命じた。富田一飛曹が「準備よし」と伝える。

一番機にぴったりくっついて断雲を抜けると、下にはっきりと南進する二隻の戦艦と三隻の駆逐艦を認めた。的速二五ノット、針路南。一番機が突撃のバンクをすると同時に小隊は散開した。雷撃は各機が緊密な編隊を組む爆撃と異なり、小隊毎に目標に突っ込んでいくものの、最後の魚雷投下は各機の判断にゆだねられる。大竹一飛曹は攻撃前の取り決めどおり、各銃座から試射を行なわせ、敵戦闘機に対する警戒を命じた。一番機は一番艦のプリンス・オブ・ウェールズに向かっていく。三番機もそれにならったように見えた。大竹一飛曹は咄嗟に、このままでは射点が後落すると判断し、二番艦に向かった。敵主力との距離五〇〇〇メートル、高度二〇〇メートル。一番艦と二番艦の間に挟まれるかたちとなったため、大竹機には対空砲火が雨霰と飛んできた。これがポムポム砲か、と一飛曹も思った。弾幕の黒煙で一瞬敵艦が見えなくなり、また飛散る弾片が海面に小さな飛沫をいくつも上げ、これが修羅場というものか、という思いが頭を掠める。

主操縦席の後ろに仁王立ちになった富田一飛曹がレパルスとの距離を読み上げる。三〇〇〇、二五〇〇……。猛烈な弾幕だが、弾は機の上をすれすれで飛んでいくように見え、思わず首を竦めてしまう。副操縦席の藤原一飛には高度一〇〇メートルで水平飛行を保つように命じてあったが、知らず知らずに高度が下がってくる。高度は三〇メートルくらいか。富田一飛曹の「二〇〇〇」という声に「発射用意」と大竹一飛曹は叫ぶ。藤原一飛がメインとサブの操縦席の間にある魚雷の投下把柄を握り、安全ピンを解除した。「一〇〇〇メートル」に反応するかのように出された「落とせ！」

の命令に魚雷が胴体から離れた。時に午後一時十四分。ふわっと機体が浮く。その瞬間、激しい振動が機を襲った。被弾したのだ。ガタガタと激しく機が揺れる。魚雷が当たったら死んでもいい、と思っていた大竹一飛曹は投下が終わったとたん、急に命が惜しくなって、何としてでもこの弾幕を抜けて帰りたいと念じた。機はレパルスの艦首付近を右傾して背を見せる格好で突っ切った。甲板の上を走りまわる白いセーラー服が眼に入った。

帆足少尉は上空から海戦の模様をスケッチした。図は元山空雷撃隊の攻撃の様子と思われる。

　記録によれば、大竹機の所属する石原薫大尉指揮の元山空第一、第二中隊の一七機が日本海軍史上初となる動的目標に対する雷撃を試みたのは、岩崎二飛曹の美幌空が水平爆撃の一航過めを終えたところであったという。大竹氏の記憶では、レパルスはすでに白い煙を吐いていたということから、二五番爆弾が命中した直後であったと判断される。ウェールズには石原大尉直率の第一中隊が、レパルスには高井貞夫大尉の指揮する第二中隊が向かった。第一中隊の大竹機が途中レパルス攻撃に転じたため、結果八機がウェールズに、九機がレパルスに相対したことになる。

　この元山空の攻撃でウェールズには二本の魚雷が命中し、レパルスはイギリス側の資料によると八本全部を回避したことになっている。日本側は石原中隊第一小隊三番機、すなわち大竹機と同じ小隊の三番機川田勝次郎一飛曹機が被弾、撃墜された。日本側初の被撃墜である。そのほか、大竹機を含む五機が被弾した。

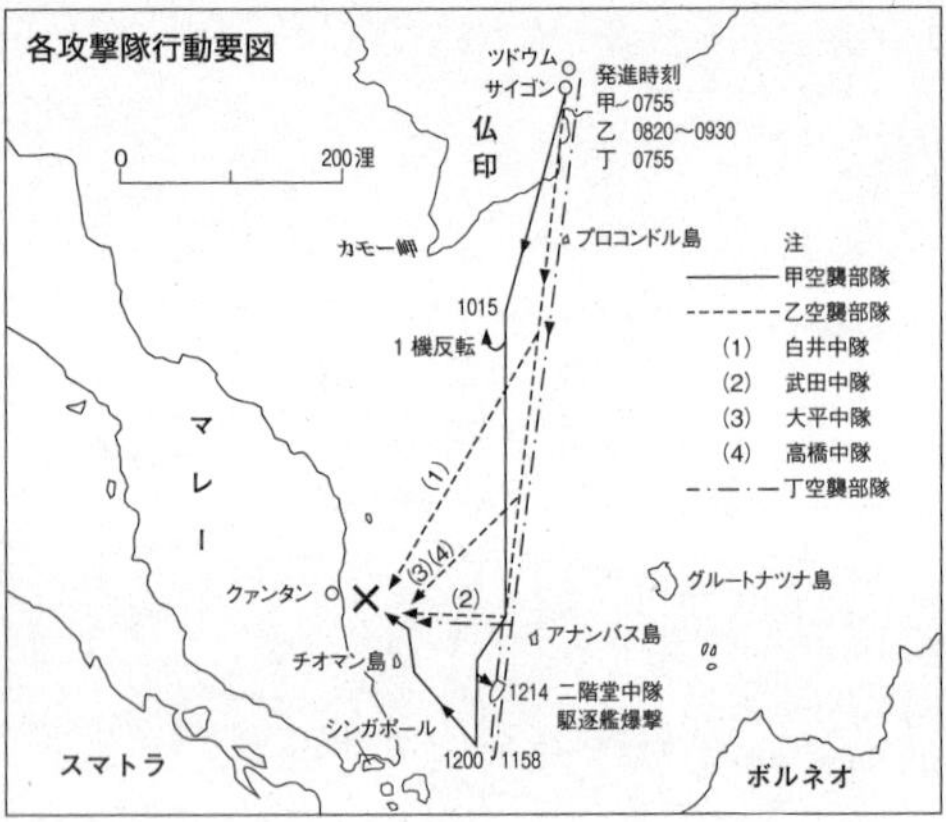

　元山空の攻撃からほとんど間のない午後一時二十分、今度は高橋勝作大尉の指揮す

る美幌空第四中隊の雷装の九六陸攻八機が戦場に到着した。この八機は二番艦レパルスに向かった。中隊長の高橋大尉機は、魚雷が投下器の不良により落ちず、二回雷撃をやり直したが、ついに機体から魚雷は離れなかった。その大胆な復航やり直しぶりに僚機は度肝を抜かれたという。ワイヤー索による九六陸攻の魚雷投下装置は故障が起こりやすく、次の一式陸攻では爆弾倉が設けられると同時に、投下装置が電磁式に改められた。高橋隊によって投下された七本の魚雷はすべて回避された。

撃沈！の美酒の陰で……

午後一時四十八分、鹿屋空攻撃部隊は雲間から白い波を立てて進む二隻の戦艦を発見した。すでにウェールズは二本の被雷によって傾き、速力が低下して見えた。二六機の攻撃部隊は散開してウェールズとレパルスに取りついた。壹岐大尉は昨夜の一番艦一中隊、二番艦二中隊、三中隊は両隊が打ちもらした方、という各中隊長間の取り決めを思い出し、被害の度合いの少なそうなレパルスに向かった。ここでは「九六陸攻のマレー沖海戦」という主題から逸れるので詳述しないが、結果、鹿屋空はウェールズ右舷に五本の魚雷を、レパルスには右舷二本、左舷五本の魚雷を命中させ、レパルスは後続の美幌空武田中隊の水平爆撃による被爆もあって、午後二時二十三分沈没

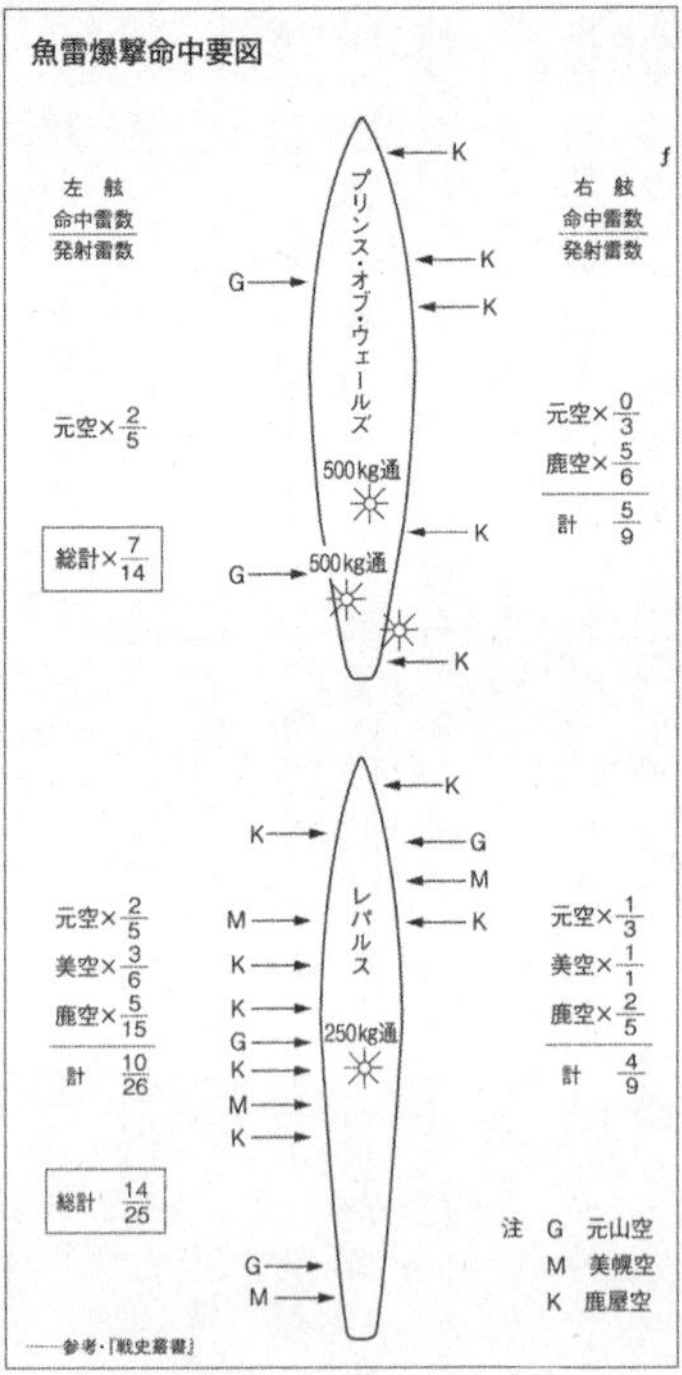

した。日本側は壹岐中隊第一小隊の二番機、三番機が撃墜された。

しんがりは出発順と同じ美幌空の大平中隊による水平爆撃。九機が断末魔のウェールズを狙って投弾した。弾は全部外れたとされている。この爆撃が午後二時三分。ウェールズはその後もしばらく浮いていたが、午後二時五十分頃、横倒しとなり沈没した。この海戦で水平爆撃には全部で三四機の九六陸攻が参加し、命中したのはレパルスに二五番が一発、ウェールズに五〇番が二発と至近弾が一発と記録されており、その難しさを感じさせる。鹿屋空で第一中隊第二小隊長を務めた須藤朔《すどうはじめ》中尉は、戦後、水平爆撃の命中率が低かったのは、九六陸攻の機首部分が一式のような透明風防でなく、視界が悪かったというのも一因である、と述べている。その意見に対しては異論もあるが。

すべての攻撃は終了した。しかしその時まだ上空にあった九六陸攻があった。帆足機である。帆足機は偵察機として英東洋艦隊を発見して後、断雲に出たり入ったりしながらずっと接触を続け、その戦果を報告していた。途中、搭載していた六番（六〇キロ）爆弾二発を海中に捨てるのはもったいないとわざわざクァンタンの飛行場に落としに行ったのを除くと、一貫して英東洋艦隊上空に居続けたことになる。その帆足機は唯一、ウェールズの最後を目撃した。「レパルス型午後二時二十分ごろ、キングジョージ型午後二時五十分ごろ爆発沈没せり」。この電文を最後に帆足機の接触任務は終了した。

二隻撃沈の電文は機によっては直接受信することができた。被弾によるオイル漏れにより片発を覚悟しながらツドウムに向かう途中の岩崎機は、重量物を投下しろ、との機長の判断で二〇ミリや七・七ミリ機銃を海中に投棄した。その途中で帆足機からの二艦撃沈を受信し、皆で万歳して、航空救急食料の箱に入っている赤ブドウ酒を回し飲みした。

一方の大竹機は被弾により左垂直尾翼の上端部を吹き飛ばされ、振動を抑えるため九〇ktに減速しながらサイゴンに向かっていた。無線の空中線が切れてしまい、この帆足電は受信できなかった。他の機に遅れること一時間半、サイゴンの基地に降り立った大竹一飛曹たちに整備員が駆け寄り、二艦の沈没を告げた。大竹機のペアは肩を叩いて喜び合った。

帆足機は途中、燃料に不安があればサイゴンの南にあるソクラトンの基地に下りるように言われていたが、何としてもサイゴンに帰りたかった。歴史的な勝利を基地のみんなと喜び合いたかったからである。夜設に灯が点されたサイゴン基地に帆足機が帰ってきたのは午後七時二十分。出撃から一三時間後のことであった。出迎えた前田司令の前で報告する帆足少尉の頬には止めどなく涙が流れていたという。

ただ、大竹一飛曹はこの日の戦いの終わりに祝杯を上げる気分にはなれなかった。いつも編隊を一緒に組んでいた川田機が撃墜されたからだ。報告が終わって宿舎に帰ると、機付の従兵がもう帰って来ない川田機の搭乗員のために食事を並べている。「今晩はもう盛りつけなくていいんだよ」誰かがそう言った時、従兵は大粒の涙を流しながら「いいえ、今晩は私の当番で最後の食事をとってもらいます」と答えた。大竹機のペアは寂として声がなかった。

映画『ハワイ・マレー沖海戦』は国民の熱い支持を受けて大ヒットし、天覧にも浴した。しかし岩崎二飛曹はこの映画を封切りと同時には見ることはできなかった。美幌空は十七年十一月に七〇一空と名称を変え、激闘の続くラバウルにいたのである。二飛曹がこの映画を見ることができたのは、ガダルカナルをめぐる消耗戦で七〇一空がほぼ壊滅、解隊され十八年三月に木更津に帰還してからのことであった。

そしてもう一人、映画の中の谷本少尉こと帆足正音少尉は昭和十七年三月五日、台湾沖方面で機材空輸中に消息を断ち、戦死と認定された。帆足少尉はスクリーンに映し出された自らの姿を見ることはなかったのである。

マレー沖海戦に参加した搭乗員総員六七九名。そのうち何人が果たして生きてこの映画を見ることができたのか。マレー沖海戦は日本海軍中攻隊にとって、つかの間の栄光の一日であったが、それはまたその日から始まる長く苦しい戦いの幕開けでもあったのである。

◇十日の攻撃部隊編成

甲空襲部隊（元山空）・指揮官　中西二一少佐
第一中隊　九六陸攻　九機　九一式魚雷改一×一（第一小隊に大竹典夫一飛曹）
第二中隊　九六陸攻　八機　九一式魚雷改一×一
第三中隊　九六陸攻　九機　五〇番（五〇〇キロ）通常爆弾×一

※これ以外に第四中隊　九六陸攻　九機が索敵
乙空襲部隊（美幌空）（総指揮官は置かれず）
第一中隊　九六陸攻　八機　二五番通常爆弾×二（第二小隊に岩崎嘉秋一飛曹）
第二中隊　九六陸攻　八機　五〇番通常爆弾×一
第三中隊　九六陸攻　九機　五〇番通常爆弾×一
第四中隊　九六陸攻　八機　九一式魚雷改一×一
乙空襲部隊（鹿屋空）・指揮官　宮内七三少佐
第一中隊　一式陸攻　九機　九一式魚雷改二×一
第二中隊　一式陸攻　八機　九一式魚雷改二×一
第三中隊　一式陸攻　九機　九一式魚雷改二×一（第一小隊に中隊長・壹岐春記大尉）

ある陸攻搭乗員が見た豪州上空の空中戦

零戦 vs. スピットファイアの戦い

1942.6－1943.7

南西方面で孤軍奮闘した陸攻部隊、高雄空の搭乗員と愛機。

一式陸攻、スピットファイアと銃火を交える

「爆弾投下直前、左スポンソンから機銃音が聞こえ、後方で零戦と敵戦闘機の巴戦が始まったと教えられました。投下後、右に大きく旋回してダービン（ダーウィン）から離脱、陸地から海上に出て、もう敵機も来ないのかなと思った頃、頭上で再び空中戦が始まりました。敵戦闘機はP－40あり、ベル（P－39）あり、銃身が前縁より突き出たハリケーンあり、バッファローありと様々でしたが、いずれも陸攻の苦手な前上方からの攻撃はなく、意外と楽だなと思いました。私も上部の銃座から七・七ミリを一二〇～一三〇発、ぶっ放したでしょうか。零戦と敵戦闘機の空戦を見ているというのもなかなか気持ちのいいものだと不謹慎なことを思いました」。

昭和十八年三月十五日、オーストラリア北西端のダーウィンを空襲した七五三航空隊の一式陸攻搭乗員、鎌田《かまた》直躬《なおみ》はその時の様子をこう回想する。実は鎌田一飛曹がハリケーンやP－40だと視認した敵戦闘機は、この三月から太平洋戦線に加わったスピットファイアであった。この戦いがイギリス空軍の不朽の名戦闘機、スピットファイアと海軍中攻隊が銃火を交えた最初の戦いだったのである。

太平洋戦争中、日本軍は赤道より南を南方と呼び、日本を通る経度一四〇度より東側を「南東方面」、西を「南西方面」と呼称した。南東方面はガダルカナルを含むソロモン諸島があり、昭和一七年八月から始まったガダルカナル島の攻防戦を含め、主要な戦闘は一八年末までほぼこの地域で繰り広げられた。それに対し、ボルネオ、ジャワを含む南西方面は、第一段作戦で確保した資源地帯の確保のため、オーストラリア北西部のダーウィンを拠点とする米英豪連合軍との散発的な衝突が起きるだけ。この方面に配備されていた海軍の第二十三航空戦隊（以下二十三航戦）も、麾下には戦闘機部隊の二〇二空と、陸攻部隊の七五三空しか保有しておらず、その戦力を南東方面に抽出されるという有様だった。特にガダルカナルの攻防戦が始まって以降、日本軍戦爆連合による攻撃は自重され、少数の陸攻による夜間爆撃と、クーパン、アンボンなどの日本軍基地に対するB－24の空襲に対する邀撃戦に戦闘は局限されていた。

鎌田直躬一飛曹は甲飛５期出身の偵察員だった。

甲種飛行予科練習生五期出身の鎌田二飛曹は、十七年五月、台湾の新竹航空隊での大型機偵察員の延長教育を修了、六月二日セレベス島ケンダリーに駐屯する高雄航空隊に着任した。二飛曹は平田種正大尉の率いる第四中隊一小隊三番機の主電信員という配置を与えられ、到着後間もない十五日にはダーウィン空襲に参加、初陣を飾った。ダーウィン上空で待ち構えていたP－40との初空戦も体験した。初陣から九カ月、十七年十一月に一飛曹に進級、もはや中堅の域に達した鎌田一飛曹の前にスピットファイアは姿を現した。

送り込まれた「救国」の戦闘機

一方、オーストラリアに配備されたのはイギリス空軍の第54飛行隊（スコードロン）とオーストラリア空軍の第452飛行隊、第457飛行隊の三つの飛行隊合わせて約一〇〇機のスピットファイアMk.Ⅴcであった。太平洋戦争開戦直後の昭和十七年二月、日本機動部隊の奇襲を受け、ダーウィンは壊滅的な被害を被ったが、その直後オーストラリアのジョン・カーティン首相は、イギリスのチャーチル首相に対し、祖国防衛のためスピットファイアを至急送ってくれるよう請願した。「バトル・オブ・ブリテン」でドイツ軍に打ち勝ったスピットファイアさえあれば、日本軍恐れるに足らずと考えたのであろうか。

この地で銃火を交わすことになる零戦二二型とスピットファイアMk.Ｖｃの性能を比較してみると、機体寸度やエンジンの性能など、驚くほど似通っている。上昇力や実用上昇限度などもほぼ同じ、顕著に異なるのは最大速度がスピットファイアの方が四〇キロ／毎時ほど速いこと、逆に後続力は零戦の方が断然優れている。正規で一八〇〇キロの零戦に対し、スピットファイアは八〇〇キロしかない。零戦が爆撃機を掩護して長距離進攻するのに対し、スピットファイアは局地防空しかできない。武装については二〇ミリ機銃×二、七・七ミリ×二の零戦に対し、二〇ミリ×二、七・七ミリ×四とやや勝っている。

オーストラリア空軍第54飛行隊（スコードロン）所属のスピットファイア Mk.Vc。

オーストラリア側の要望に関わらず、欧州戦線の事情もあり希望していたスピットファイアがダーウィンに到着し、日本軍と対峙することが可能になったのは昭和十八年も年が明けてからのことだった。これら三個の飛行隊を統べるのはオーストラリア空軍第1戦闘航空団で、その指揮官は北アフリカ戦線でエースの称号を得たクライブ・コールドウェル中佐だった。第54飛行隊はダーウィンに、第452と457の飛行隊はダーウィン近郊のバチェロールに配備された。

二十三航戦、ダーウィン昼間爆撃を再開

第1戦闘航空団は十八年二月一日に実戦配備に着き、二月六日にダーウィンの偵察に来た陸軍第七飛行師団・独立飛行七十中隊の百式司令部偵察機二型を撃墜する。オーストラリアには日本軍よりもはるかに性能の良いレーダーが配備されており、ダーウィンに近づく日本機は全て事前に探知され、邀撃機が舞い上がるシステムが出来上がっていた。この時もレーダー情報を基に第54飛行隊の二機のスピットファイアが迎撃に上がり、快速と言われていた百式司偵を難なく撃墜したのだった。百式司偵の最大速度は高度五〇〇〇メートルで時速六〇四キロ／毎時とされており、それより三〇キロ／毎時以上速いスピットファイアMk.Vで捕捉することは容易だった。

そして三月二日、スピットファイアと零戦の対決が実現する。南西方面の航空作戦を担当する二十三航戦は、この年一月二十五日付で司令官が交替し、それまでの竹中龍造少将に代わって石川信吾少将がケンダリーに着任した。石川少将はケンダリーに着任すると、麾下の二〇二空と七五三空の幹部を集めて、「生死は神に委せよ。滅敵に全力を尽くせ。諸君らを無駄死にさせぬよう、自分が全力を尽くす」と発破を掛け、二月末に戦爆連合によるダーウィン昼間空襲を実施すると宣言した。

二〇二空は支那事変で零戦初空戦を行なった十二空の流れを汲む部隊で、開戦時は三空としてフィリピン攻略作戦に参加した。この時点での司令は岡村基春中佐、飛行隊長は相生高秀少佐。部隊はベテラン搭乗員も多く、戦力は充実していた。

新しく二十三航戦の司令官に着任した石川信吾少将が、前進基地クーパンに向かう中攻隊を督励する。

零戦対スピットファイアの初空戦

最初の攻撃は三月二日に行なわれた。石川司令官は自ら前進基地であるクーパンまで赴き、出撃する部隊を督励した。この日の攻撃は戦闘機によるダーウィンの航空兵力撃滅が目的とされ、相生高秀少佐の指揮する二〇二空の二一機

クーパンに向かう七五三空の一式陸攻。

の零戦がバチェロール飛行場に蝟集《いしゅう》するとされた敵戦闘機を撃滅する。七五三空の一式陸攻九機は爆弾を携行せず、ダーウィンの手前まで誘導し待機、帰りに戦闘機隊を収容して帰投する。陸攻は横溝幸四郎大尉の指揮する第三中隊が選抜され、任務に就くことになった。鎌田一飛曹は前日ケンダリーからクーパンに進出する第三中隊を帽振れで見送った。

三月二日、午前十時半にクーパンを出撃した攻撃隊は、午後〇時四十五分にダーウィンの二七〇度約九〇キロの地点で誘導の陸攻と分離、一時十五分、バチェラー飛行場に突入した。一小隊の六機は偶然飛行中だったブリストル・ボーファイターを発見、それに襲いかかると同時に、地上の列線を

七五三空の一式陸攻がダーウィン攻撃に向かう。機番が白い縁取りをされているのが珍しい。

銃撃した。二小隊六機、三小隊九機も異方向から基地上空に侵入、銃撃を繰り返し、在地機三機の炎上、五機の破壊を報じた。

この時コールドウェル中佐はレーダーの情報により午後〇時に八機のスピットファイアを率いて邀撃に上がった。零戦隊が陸攻から分離する四五分も前のことである。スピットファイアが二〇二空の零戦隊を発見したのは、すでに攻撃を終了し、洋上に出たところだった。敵は零戦とハンプと報じていることから、二〇二空の中に零戦二一型ないしは二二型と、三二型がいたということか。

コールドウェル中佐は九〇〇メート

ル上空から零戦隊に一撃を仕掛け、約八分の空戦で零戦二機と九七艦攻二機を撃墜、スピットファイアに被害はなかったという。九七艦攻は攻撃隊にはおらず、零戦を誤認したのだろうが、そうすると四機を撃墜したことになる。

それに対して日本側は、P－39五機、バッファロー四機と空中戦となり、六機を撃墜（うち一機不確実）と報告している。被弾した機が二機あったものの、撃墜された機はなかった。つまり日本側は相手がスピットファイアだと気が付かなかった。結局、双方ともそれぞれ四機、六機の戦果を報告しながら、実際にはともに被害はなかった。このように零戦とスピットファイアの初空戦は終わった。

スピットファイア対戦爆連合

次の零戦対スピットファイアの戦いは冒頭の三月十五日の戦爆連合によるダーウィン空襲によって起こった。この時点で二十三航戦司令部は豪州側に新しくスピットファイアが配備されたことを把握していたようだ。初空戦が行なわれた直後の三月五日、オーストラリアのカーティン首相は、ラジオ放送でスピットファイアが祖国の守りについたと発表したからである。それまではスピットファイアの配備は秘匿されていたが、零戦を撃墜したことに気を良くして発表に及んだのであろう。しかし七五三空の鎌田一飛曹ら、下士官兵はまだスピットファイアのことは知らされていなかった。
鎌田一飛曹ら攻撃部隊は三月十三日にケンダリーからクーパンに進出、十四日に出撃したものの、途中で天候が悪化して引き返し、十五日に再度の攻撃を試みた。「その日は午前四時半に起床、ただちに試運転を行ない、昨日降ろした爆弾を再び搭載、その間に主計兵が朝飯を指揮所まで届けてくれて、握り飯と缶詰を食べました。六時十分搭乗員整列、石川司令官の成功を祈るという簡潔な命令を受け、愛機に走りました」。鎌田一飛曹の回想だ。

二十三航戦所属の戦闘機隊として七五三空を掩護して戦った二〇二空零戦隊の下士官搭乗員。右から２人目、伊藤清二飛曹は３月２日以降、ほぼすべてのスピットファイアとの戦いに参加した。

攻撃部隊を指揮するのは、七五三空が飛行長・河本廣中中佐、二〇二空は最初のスピットファイアとの空戦の後転勤となった相生少佐に替り、新しく飛行隊長になった小林實大尉。一式陸攻二五機と零戦二七機はクーパンを午前六時半に離陸を開始、上空で合同して

スピットファイアが邀撃のために離陸する。

ダーウィンへと向かった。

　離陸して二時間以上経った午前八時五十七分、警戒配備が令せられ、配置のある陸攻搭乗員は銃座に就く。九時二十二分、オーストラリア本土の手前にあるバサースト島のフォークロイ岬上空で高度七五〇〇メートルに到達。

　この時オーストラリア空軍はレーダーに映った輝点から、敵を偵察機と判断、第54飛行隊の二機のスピットファイアが離陸したが、フォークロイ岬監視哨からの「日本軍大編隊、ダーウィンに向かう」の報告に、各飛行隊から陸続と迎撃機が発進した。鎌田一飛曹らの陸攻部隊がダーウィン上空に到達した時点で、邀撃に間に合ったスピットファイアはわずか三機だった。

　陸攻部隊を援護する零戦隊は、二中隊と三中隊の一八機が直掩とされ、陸攻に覆いかぶさるようにして敵機から守る。残りの小林大尉率いる一中隊の九機が間接掩護とされた。

この日、フォークロイ岬から先は一面の雲海、ダーウィン上空だけがぽっかり雲が切れているという状態だったため、敵も突如現れた爆撃隊に対応が遅れ、対空砲火はいつもほど正確ではなかったという。投弾後、鎌田一飛曹は黒煙を激しく上げる燃料タンクを下に見ながら、帰投針路に入った。爆弾投下寸前に始まった空中戦は洋上に出るまで続き、陸攻隊も果敢に射撃を行ないスピットファイアの撃墜一機を報じている。二〇二空はスピットファイアを含む敵戦闘機一五機を撃墜したと報告したが、それはいささか過大な戦果判定だった。

オーストラリア空軍は零戦の撃墜確実六機、陸攻二機と零戦一機を不確実撃墜したと報告したものの、第452飛行隊指揮官のソロールド・スミス少佐以下三名が戦死、四機の機体を失った。実際の日本側の損失は田尻清治二飛曹が自爆した一機のみで、他に陸攻八機が被弾した。

陸攻を攻撃したスピットファイアのパイロットは、直接掩護の零戦が急激に切替してきて襲いかかってきたことに驚いた。格闘戦はスピットファイアのお家芸だと思っていたのに、そのお株を奪うような零戦の機動に恐怖を覚えたという。

二回目の零戦とスピットファイアの戦いはかくて日本軍側に軍配が上がった。特に南東方面の作戦では、零戦隊が陸攻を庇《かば》いきれず、多くの被害を出していたのに対し、二〇二空は陸攻隊の掩護を完遂したことは高く評価されるべきだ。この二回の攻撃をもって、二十三航戦は所期の目的をほぼ達成したとして、ダーウィンへの昼間攻撃はしばらく控えられることになる。

零戦対スピットファイア、第三回戦

しかし連合軍が日本軍のダーウィン攻撃を黙って許しているわけではなかった。十八年一月頃より米軍のB－24による空襲が始まっていたが、三月にはさらに活発化していた。B－24は掩護の戦闘機などなしに、バボ、クーパン、アンボン、ケンダリーなどの日本軍基地を空襲した。二〇二空の零戦は各地に分散され、邀撃に当たったが、零戦をもってしても、B－24を撃墜することは容易ではなかった。これらのB－24は米第90爆撃航空群の第319爆撃飛行隊の所属で、その基地はダーウィンよりさらに内陸に入ったフェントンと推定された。

二十三航戦の石川司令官は、これらB－24を叩くために再びダーウィンを戦爆連合で攻撃することを決断、麾下部隊に攻撃準備を命じた。二〇二空の飛行隊長には赤痢を患って入院した小林大尉に代わって、四月一日付で鈴木實少佐が着任した。鈴木少

進撃する七五三空の一式陸攻。かなり緊密な編隊を組んでいることがわかる。

佐は部隊を二つにわけ、ケンダリーとマカッサルからそれぞれの部隊がどちらが先に相手を見つけ、空中戦に持ち込むかといった実戦的な訓練を励行した。

満々の闘志をもって二〇二空はスピットファイアと三回目となる銃火を交えることになる。その日は五月二日、前日からクーパンに進出していた一式陸攻二五機と零戦二七機は、午前六時四十分に離陸を開始、一路ダーウィンを目指した。七五三空では四月に新しく甲種予科練七期の新人が入隊してきたため、分隊編成の変更が行なわれ、鎌田一飛曹は海兵六十七期出身の荻野恵次郎中尉が率いる第四分隊の一小隊二番機の配置となっていた。

離陸して二時間半余り経った九時十分、

オーストラリアの陸地を目前に三中隊の七機の陸攻がいっせいに反転、引き返していく。何が起こったかわからず、鎌田一飛曹はその光景を呆然と見送った。一八機に減じた陸攻隊はそれでも進撃を続け、九時半にはフォークロイ岬に到達した。目標のダーウィンへは、岬から二〇分くらいの距離だ。攻撃目標はダーウィン東飛行場、ここはスピットファイアの展開する基地と目されていた。一式陸攻は高度七五〇〇メートルで目標に対して投弾、滑走路、飛行場施設など六カ所から火の手が上がる。

この日オーストラリア軍のレーダーは、午前八時半ころ、二〇〇キロ以上手前で日本軍の来攻を確認、すぐにスピットファイアを邀撃に上げたが、なかなか邀撃に優位な高度まで上がることができず、日本軍の上方に占位できたのは爆撃終了後だった。コールドウェル中佐率いる第54飛行隊は零戦を狙い、第457飛行隊は陸攻を襲う予定だった。ところが第54飛行隊は零戦に向け急降下で襲いかかったものの、加速がつきすぎ、有効な射弾を送ることができなかった。その後は乱戦となり、二〇分近く続いた空中戦の結果、航続距離に不安のあるスピットファイアは引き返しはじめ、零戦隊と陸攻は帰途に就いた。

この時の空戦のことを、鎌田一飛曹は、「敵の戦闘機の技術は優秀ではなく、前上方から来るものはいない。皆、零戦に食いつかれていく」と日記に記している。

豪州側は零戦六機の撃墜を報じたものの、五機のスピットファイアが撃墜され、さらに不時着や故障によって八機、総計一三機を失った。パイロットの戦死は二名だった。一方、日本側は被弾した機体はあったものの、零戦、陸攻ともに撃墜された機は一機もなく、全機が帰還した。日本側もスピットファイア一五機を撃墜したと報告したが、零戦の勝利は揺るぎないものだったといえよう。

七五三空の第三中隊が途中引き返したのは、中隊長の横溝大尉機が酸素吸入器の不具合で引き返したところ、列機がそれにならったものだったと判明した。本来は機体の不具合で長機が引き返すのであれば、二番機が指揮を引き継がなければならない。この不祥事に石川司令長官は七五三空の梅谷司令と横溝大尉を面罵、横溝大尉は五月二十日付で内地に転勤を命じられた。

零戦、初の負け戦

五月十日、百式司令部偵察機の偵察情報から、ダーウィンの東にあるステワードに有力な敵飛行場があることが明らかになり、それに対して宮口盛夫少尉が指揮する二〇二空の零戦が九機で銃撃を行なうことになった。ステワードは豪州側はミリンビンギと呼んでいた。この飛行場には第457飛行隊の派遣隊がおり、スピットファイア五機が迎撃に上がった。

スピットファイアは低空からの不利な姿勢であったにもかかわらず、格闘戦で零戦二機の撃墜と一機の撃破を報告した。実際、日本側は酒井国雄一飛曹が行方不明になり、一機が全損、一機が不時着で失われた。豪州側はスピットファイア一機が墜落したものの、パイロットは無事で、地上でボーファイター一機が失われた。これは零戦にとって、苦い敗北であった。

スピットファイア、初めて陸攻を撃墜する

五月十日の攻撃が不十分とみたのか、二十八日には戦爆連合によるステワードに対する攻撃が試みられた。しかし攻撃の規模は中途半端で、石川友年飛曹長の指揮する零戦七機と陸攻八機が出撃を命じられた。陸攻は七五三空の荻野中尉が率いる第四中隊。鎌田一飛曹も出撃の搭乗割に名前が出た。陸攻は西部ニューギニアのバボ飛行場に進出、途中ケイ諸島のラングール基地に前進している零戦隊と合同して進撃する。

陸攻は午前八時三十五分、バボを離陸、途中十時に零戦隊と合同を果たし、ステワードを目指した。オーストラリア空軍の457飛行隊はレーダー情報により六機のスピットファイアを邀撃に上げ、爆弾投下前の陸攻に襲いかかった。時に午後〇時五十五分。

指揮官荻野中尉の二番機という位置にいた鎌田一飛曹からは空戦の様子が手に取るように見えた。まず二小隊二番機がスピットファイアの攻撃を受け、大きく傾きながら落ちていった。

オーストラリア空軍のレーダー管制によって離陸するスピットファイア。

この日の目標は飛行場と海岸付近の軍需品置場と二カ所に分かれていたため、在空時間が長くなった。さらに指揮官機が最初の爆撃針路に入るさいに進入方向を誤り、やり直したこともスピットファイアに攻撃の機会を与えた。やり直しのため引き返したことにより、陸攻は都合四回、敵地上空を行ったり来たりする結果となった。

陸攻隊はこの日、自爆一機、行方不明一機、不時着一機、戦死者一〇名を出すという大きな被害を出し、しかもスピットファイアに陸攻の初撃墜という称号まで与えてしまった。零戦は果敢に反撃し、撃墜一、不確実撃墜一の戦果を報告、実際オーストラリア空軍は二機が行方不明となった。しかしなんと言っても爆撃機（＝陸攻）の三機撃墜、二機撃破という戦果に彼らは狂喜した。

指揮小隊の鎌田一飛曹機と三番機は何とか無傷だったが、残りの機は帰投できた機体も弾痕だらけ、七五三空には最悪の日だった。

空中識別の難しさ

六月二十八日、七五三空の陸攻九機は、ダーウィンの鉄道工場爆撃を命じられる。この工場は陸軍からの情報によれは、兵舎として使用されているということだった。第三中隊長森本秀雄大尉の指揮する陸攻隊はクーパンを午前七時前に離陸、同じチモール島内の前進基地、ラウテン上空で鈴木少佐の指揮する掩護の零戦二七機と合同、ダーウィンに向かった。

スピットファイア四二機が邀撃に上がったが、レーダーによる誘導の不良、日本軍の侵入経路が普段と異なったことなどから、陸攻の投弾前に有効な攻撃をすることができなかった。それでも陸攻部隊に喰らいついた第457飛行隊は陸攻全機を被弾させ、そのうち一機はラウテンに不時着・大破せざるを得なかった。英豪軍は零戦の撃墜四、陸攻の不確実撃墜二を報じたが、実際に撃墜された機はなく、また日本側も確実撃墜

―と報告したが、実際に墜落したスピットファイアは一機もなかった。

　この攻撃終了後、石川司令官は、空中戦闘になると迷彩を施したスピットファイアと零戦は識別が難しいということで、零戦の垂直尾翼の迷彩を剥すように指示したという。

空戦中の識別のため、尾翼の塗粧を剥がした三八一空の零戦。

大本命、敵重爆の拠点を襲う

　六月二十九日、鎌田一飛曹らはクーパンに進出、翌日ダーウィンより一四〇キロも内陸にあるブロックスクリークを爆撃することになった。ブロックスクリークは豪軍側はフェントンと呼んでいた基地で、米380爆撃航空群のB－24がいると目されていた。鎌田一飛曹は二十八日のダーウィン爆撃はこの作戦のための陽動作戦と聞かされており、厳しい戦いになると覚悟していた。

　三十日午前六時半、陸攻部隊はクーパンを離陸、ラウテン上空で零戦隊と合同した。鎌田一飛曹は零

攻撃に向かう一式陸攻の機内。7000メートル以上の高度では電熱服と酸素吸入が必須だった。

戦の垂直尾翼の迷彩が剥されているのを確認した。

午前十一時半、ペロン島上空で高度七〇〇〇メートルに到達、その一〇分後、空戦が始まったが、一飛曹は陸攻の前部偵察席にいたため、その様子がよくわからない。

スピットファイアはレーダー情報により三八機が邀撃に上がったが、日本軍がいつものダーウィンではなく、フェントンに向かったため、優位な位置に付くことができず、コールドウェル中佐は飛行隊毎に攻撃を実施するよう指示した。

ところが三個の飛行隊は当初の攻撃目標を外れ、全て陸攻隊に向かってしまった。陸攻隊はスピットファイアと熾烈な銃撃戦を交しつつ、飛行場上空に進入、二五〇キロ爆弾二四発と六〇キロ爆弾一九二発を投下、地上のB-24四機と補給物資を爆砕することに成功した。

零戦隊は陸攻を狙って蝟集していたスピットファイアに上空の有利な位置から攻撃を仕掛けた。およそ三〇分にわたった空戦でスピットファイアは七機を失い、一式陸攻に被弾機を出したものの、零戦は被弾すらなく全機、帰投した。

鎌田一飛曹は前方銃座で応戦したが、この数カ月で敵が相当研究、訓練を積んでいると判断した。以前は前上方からの攻撃はほとんど無かったが、この日は肝を冷やした。陸攻隊はマカッサルまで飛行し、そこで休養が許された。

南西方面の戦闘概図

スピットファイアとの最後の闘い

七月六日が南西方面でのスピットファイアと零戦の最後の空中戦となった。この日、再びブロックスクリーク攻撃が命じられ、零戦二七機と陸攻二二機が攻撃に向かった。鎌田一飛曹は二中隊二小隊一番機の配置である。

三三機のスピットファイアがレーダーの誘導

によって日本軍攻撃隊の二〇〇〇メートル上空に占位、海上から陸地に入ったところで陸攻隊に襲いかかった。鎌田一飛曹の記憶では、最初の一撃で三中隊の陸攻数機から燃料が噴き出すのが見え、その敵に対して零戦がかかっていった直後、鎌田機は降下してきた別のスピットファイアの直撃を受け、左エンジン発火、右エンジンオイル漏れを生じる。一飛曹自身も足を負傷した。鎌田機は攻撃を断念、重量物件を投下しつつ、帰投針路に入った。

爆撃隊はそのまま直進し、ブロックス・クリークに投弾、B-24三機を破壊、航空燃料一二万リットルあまりを炎上させた。零戦は被弾した機が二機あっただけで、一方スピットファイアは八機を失い、二名のパイロットが戦死した。しかし執拗に狙われた陸攻隊の被害は少なくなかった。鎌田機は辛うじてチモールに戻れたものの、行方不明二機、不時着大破二機の被害を出した。この戦いに対し、石川司令官は賞詞を授与したが、これが南西方面に於ける最後の大規模攻撃となった。

零戦vs.スピットファイアの総決算は

昭和十八年三月二日から七月六日まで、零戦とスピットファイアの戦いは計八回行なわれた。この間の損失は零戦六機に対し、スピットファイア二六機。スピットファイアは空中戦による損失以外の事故機なども含めると四四機を失った。一方、日本軍側は陸攻八機を喪失している。

南西方面における零戦とスピットファイアの戦いはこの数字だけみれば、日本軍側の圧勝といってもいいだろう。

三月二日のスピットファイアとの初空戦以来、ほとんど全てのスピットファイアとの空中戦に参加した伊藤清（戦後加藤と改姓）二飛曹は、スピットファイアの印象を、ソロモンで相手をしたグラマンF4Fワイルドキャットの方がはるかに手強い、スピットファイアとやるのは気楽と述べている。その一方、零戦隊を率いた鈴木實大尉は、戦後防衛庁戦史室の聞き取りに対し、「スピットファイアーは全くすばらしい飛行機だった。零戦に比し、最大速度、高高度性能で特に優れていた」と述べている。しかしスピットファイアは航続距離が短いため、ダーウィン周辺の防空任務にしか就けず、また当初その速度を有効に利用せず、零戦に対して格闘戦を挑んだことにひとつの敗因があったのではなかろうか。

この後、二十三航戦は石川司令官が転出したこともあり、夜間攻撃に専念、再びダーウィンを戦爆連合が襲うことはなかった。局地的な戦闘では零戦がスピットファイアを圧倒したものの、もはや戦局は日本軍航空部隊の南西方面での戦いの余地を奪っていった。鎌田一飛曹は7月6日の攻撃を最後に、鈴鹿航空隊の教員として内地に帰還する命令が出された。

アウトレンジの特攻隊

銀河「丹《たん》」作戦始末

1945.2.17 − 1945.8.15

昭和20年3月11日、鹿屋基地を出撃する梓特別攻撃隊の指揮官機。偵察第十一飛行隊の榎本哲大尉が撮影した。

「ウルシーの上空に突っ込んだ時は真っ暗よ。叩きつけるようなスコールでな、何も見えん。そしたら、パーッと火柱が上がって、一瞬明るくなった。あ、やったなと。でもまたすぐ暗くなった」。

藤井《ふじい》順太郎《じゅんたろう》は「地獄の闇」を見てきたとは思えないような、淡々とした調子でその時のことを語ってくれた。昭和二十年三月十一日午後七時すぎ、西太平洋カロリン諸島ウルシー泊地への片道特攻攻撃でのことである。この日、午前九時前に鹿児島県南端の基地、鹿屋を飛び立った二四機の陸上爆撃機銀河は、一〇時間以上におよぶ二五〇〇キロの行程を翔破して、アメリカ第58任務部隊の本拠地、ウルシー軍港を急襲したのである。この戦史に残る攻撃はどのように企図され、いかに実行され、どんな結果を生んだのか。一次資料と生存者の証言を軸に、この作戦を再現してみよう。

未発の第一次丹作戦

日露戦争以降、一貫して仮想敵国をアメリカと考えてきた日本海軍は、その戦いは最終的に日本近海における主力艦どうしの艦隊決戦で決着がつく、と考えてきた。米西海岸からハワイ、マニラを中継しつつ西進してくる米艦隊を、途中潜水艦隊、水雷戦隊、航空機で逐次邀撃、ダメージを与えつつ、主力艦が最終日本近海で迎え撃つ、という思想は邀撃漸減戦略と称された。この戦略思想がじつは日本海海戦へと至る日露戦争のアナロジーでしかないことはここで措くとして、海軍の軍備はこの思想に則って整備されてきた。

銀河という陸上爆撃機もこの思想を具体化するものとして、航空本部によって考えられた。その海軍の銀河に対する期待のほどが窺えるエピソードが残されている。昭和十九年五月サイパン島にいた高橋義樹報道班員は、ある海軍技術大尉から、グアムに新設された第二飛行場に「銀河」という新鋭の陸上爆撃機が進出している ぞ、と教えられた。大尉によると銀河は航空技術廠が最高の頭脳を絞り上げて、一式陸攻に替わる雷爆両用機として開発し、零戦より速く、航続距離も一式陸攻より長い。急降下爆撃も行なえるので、敵の機動部隊がやってきた

指揮官機の操縦員、藤井順太郎上飛曹。救命胴衣の下帯を赤く染め、「丹心赤褌黒丸一家」と自称した。

らいちころであろう、と言われたという（『歴史と人物』一九七八年八月号）。じつはいちころだったのは日本軍の方で、高橋班員もグアム島で捕虜になってしまうのだが。

不沈空母とされる島嶼の陸上基地を出撃、遠距離にいる敵艦隊に敵の攻撃範囲外の「アウトレンジ」から長駆攻撃をかける、という構想のもとに作られたこの爆撃機は、実際にはそのような戦いで期待どおりの活躍をすることができなかった。銀河のデビューとなったマリアナを巡る攻防戦「あ」号作戦でも、銀河はめぼしい戦果を挙げることなく、戦力を擦り減らしていった。

軍令部はすでに「あ」号作戦が敗北に終わった時点で、もはや日本に米艦隊と洋上で主力どうしが砲戦を交えるだけの拮抗した戦力はないと判断、そこで立案されたのが米機動部隊を出撃前にその泊地において奇襲・撃滅するという「丹《たん》」作戦であった。

この作戦は十九年八月ごろに海軍軍令部第一部第一課（作戦立案）によって計画された。当時の第一課の航空担当は源田實中佐で、当初計画された内容は次のようなものだった。

一．使用兵力――彩雲六機（偵一一）、銀河三六機（攻撃五〇一）、天山一八機（攻撃二六二）

二．攻撃要領

銀河――ウェークまたはトラックに直接進出、黎明前にメジュロ、クェゼリン、ブラウンを奇襲。

天山――硫黄島およびパガンを経てトラックを経由、ポナペにおいて銀河隊と合流、協同作戦を行なう。

帰投基地はウェーク、ナウル、ポナペ、トラックほかとする。

攻撃手段は八〇番（八〇〇キロ）による反跳爆撃。

銀河は当初の艦隊決戦の補助兵力としてではなく、長大な航続距離を活かし、アウトレンジの敵を直接叩くというかたちで使用されることとなった。この場合、木更津から直接トラック島へ向かい、そこから敵泊地の攻撃を行なおうというのである。

当初マーシャル方面を目標として計画されていた作戦は、攻撃目標をマリアナに変更して十月四日に実行されることになったが、偵察で敵空母群の在泊が確認できず、作戦は延期された。米機動部隊は出撃中だったのである。

しかしこの第一次丹作戦はついに発動されることなく終わった。台湾沖航空戦とそれに続く比島沖海戦の生起によって、この作戦を担うはずであったT攻撃部隊がほぼ壊滅、また戦況も大きく変わったからである。次の第二次丹作戦は帰投地を予定しない作戦、つまり特攻作戦として立案されることになる。

第二次丹作戦・ウルシー上空の闇

大本営海軍部は昭和二十年一月下旬、硫黄島作戦のために関東、東海に展開していた航空部隊を、次の東シナ海、南西諸島方面への米軍の来攻に備え再編することを決定した。軍令部第一部は十一航戦と二十五航戦を解隊し、新たに九州の地に第五航空艦隊を編成、宇垣纏中将が司令長官に親補された。

軍令部第一部は五航艦を編成はしたものの、その錬度が敵機動部隊を邀撃する段階に達するのは五月末ごろと考え、少しでも南西諸島方面、具体的には沖縄戦の開始を遅らせるために、敵をその本拠地で叩こうと考えた。そこで計画されたのが第二次丹計画である。宇垣中将は司令長官に親補されて間もない二月十四日、米機動部隊の本土接近の情報で慌ただしく厚木から輸送機で鹿屋に着任するのだが、直後の十六日、米58機動部隊は硫黄島上陸作戦の支援として、日本近海に現われ、関東各地区の陸海軍航空基地を襲撃した。この機動部隊が西カロリン諸島のウルシー泊地に戻るのを三月九日ごろと連合艦隊は判断、十七日五航艦に対し、以下の内容の第二次丹作戦の編成を発令した。

一・第一機動基地航空部隊（この場合五航艦のこと）指揮下ハ麾下兵力中銀河約二

四機ヲ基幹トスル特別攻撃隊ヲ編成シＰＵ（ウルシー）挺身攻撃ヲ準備サシムベシ
二．実施時期ハ敵機動部隊ノＰＵ帰投在泊時ニ投ズルモノトシ特命ス
三．第一案　九州―沖縄―ＰＵ
　　第二案　関東―ＮＭＫ（南鳥島）―ＰＴ（トラック）―ＰＵ
四．事前偵察及戦果偵察ハ内南洋部隊彩雲部隊ヲシテ協力セシム
五．本作戦ヲ丹作戦（第二次）ト呼称ス

この時点で五航艦の麾下にあった銀河を保有する部隊は、台湾沖航空戦でＴ攻撃部隊を指揮した久野修三大佐の率いる七六二空のみで、昭和十九年三月に実施された空地分離、飛行隊制度により、その指揮下には攻撃二六二《ふたろくふた》、攻撃四〇六《よんまるろく》、攻撃五〇一《ごまるひと》（いずれも銀河定数各四八機）、偵察一一（彩雲定数二四機）の四個飛行隊がおかれていた。

二十日には第一機動基地航空部隊命令として七六二空司令に対し以下の命令が下された。

一．第七六二海軍航空隊司令ハ陸爆二四機ヲ以テ特別攻撃隊ヲ編成スベシ
二．右特別攻撃隊ヲ菊水部隊梓特別攻撃隊ト命名ス

七六二空には先に述べたように、三つの銀河飛行隊があったが、その中で攻撃隊主

力に指名されたのは黒丸直人大尉（兵六十七期）率いる攻撃二六二であった。なぜ攻撃二六二が攻撃隊主力となったのかは今となっては判然としない。「戦闘詳報」によると十九日に久野司令が三個飛行隊の隊長を宮崎に呼んで打ち合わせが行なわれたとされているが、当時攻撃四〇六飛行隊の飛行隊長であった壹岐春記によれば、そのような会議が行なわれた記憶はないという。三個飛行隊とも台湾沖航空戦、比島作戦で主力をすり減らし、ほとんど新規部隊として錬成中といった状況であったが、攻撃二六二が錬成時期としては、十九年の十一月から天山からの機種改変も含め比較的早くから行ない、錬度も高かったといわれている。いずれにせよ、どの飛行隊を攻撃部隊として使うかは飛行長であった勝見五郎中佐（兵五十六期）が決めたのではないか、というのが壹岐の推測である。

第二次丹作戦で指揮官機を操縦した藤井順太郎は、大正十三年三重県に生まれ、昭和十六年呉海兵団に入団、昭和十七年二月に第十期丙種飛行予科練習生となり、十八年三月宇佐空で艦爆操縦専修練習生の課程を修了、偵察術の練習航空隊である鈴鹿空に配属され、教員として練習機の操縦を行なう。主に乗ったのは複葉の九六式艦爆と九六式艦攻。後部座席に練習生を乗せ、偵察、電信、航法等の訓練をさせる。地味な任務だが、飛行時間は随分増えたという。台湾沖航空戦の直後十九年十一月上旬、攻

豊橋で撮影された攻撃二六二の整備分隊准士官以上。前列中央が整備分隊長の産形大尉。

撃二六二飛行隊に転勤となり豊橋基地に着任、そこで初めての実用機となる銀河に搭乗。銀河の最初の印象はスピードも出るし、いい飛行機だと思った。デリケートな飛行機で、エンジンの暖機運転の仕方、左右のエンジンの同調のさせ方、燃料槽の切り換えなど、どれをとっても簡単ではなく、人によってはやりにくいという人もいたが、注意をしていればちゃんと飛び、藤井は怖いと思った経験は一度もなかったという。このあたりの勘のよさ、操縦の上手さがのちに黒丸大尉に認められ、指揮官機の操縦員に選ばれる理由となったのかもしれない。

攻撃二六二で整備分隊士を務めた大井廣少尉（戦後小磯と改姓）は、攻撃二六二が六〇一空に所属する空母部隊だった時から機材の整備に携わっていた。山梨高等工業を卒業して十八年十月に整備予備学生七期として追浜に入隊、天山の整備を専修し、十九年八月には実戦部隊となる六〇一空に配属となった。六〇一空では空母「天城」に乗艦する予定だったが、攻撃二六二飛行隊自体が空母に搭載される前の台湾沖航空戦でほぼ全滅してしまう。十一月に入って間もなく豊橋に行くように命じられ三日に着任、同時に攻撃二六二が銀河に機種改変すると告げられる。慌てて空技廠に行って銀河の赤本（取扱説明書）を貰って勉強したという。整備する側にとって銀河はエンジンと油圧関係以外は特別難しい飛行機ではなかったというが、そのエンジンと油圧関係が癖ものであった。

小磯によれば、誉エンジンはデリケートな上にコンパクトさが仇になって、点火栓を交換するのにもいちいちカウリングを外さなくてはならない。油圧も七～八キロ／平方センチと高く、オイル漏れや焼きつきが多かった。そのために脚が出ない、フラップが降りない、弾扉が開かないといった事故が頻発した。

豊橋でのおよそ二カ月におよぶ訓練を終えた攻撃二六二は一月十五日に宮崎に進出。降爆隊と雷撃隊に分かれて訓練を行なった。降爆隊に所属していた藤井上飛曹は別府湾にいた標的艦の「摂津」に対して黎明、薄暮の爆撃訓練に精を出す。雷撃隊は空母「鳳翔」に夜間雷撃の訓練を行なった。

二月一日の段階で攻撃二六二の保有機材は定数四八に対し、銀河一一型二七機（うち一機未整備、六機修理中）、極光一一型一三機（うち一機未整備、六機修理中）となっており、極光が多いことに驚かされる。のちに梓特別攻撃隊で第三区隊長を務めた落合勝飛曹長によると、攻撃二六二は再編中であったために機材が揃わず、極光も入れてなんとか定数を充足しようということになり、飛曹長は兵庫の川西まで受領しに行った。完成してすぐの試飛行から立ち会ったが、出来が悪く大阪湾上でテスト飛行中に弾扉が吹っ飛んだものまであったという。この極光が多かったことが、のちに攻撃四〇六から機材、部隊員を編入させることになったのではなかろうか。

昭和19年12月、豊橋基地の指揮所前で撮影された攻撃二六二の飛行科准士官以上。前列中央が黒丸大尉、その右福田大尉。

梓特別攻撃隊、編成さる

二月十四日米機動部隊接近中の情報により、

三野瑞穂上飛曹は甲飛11期の出身。青島空の教員から攻撃二六二に転勤となった。

部隊主力は築城基地に後退する。藤井上飛曹は黒丸大尉から梓《あずさ》特別攻撃隊の結成を知らされたのはこの築城でのことであったと記憶する。二十日午前十一時ごろ、指揮所前に総員集合がかかり、黒丸大尉から訓示があった。その内容ははっきり覚えていないが、梓特別攻撃隊に攻撃二六二が指名されたこと、梓という部隊名が大楠公にちなんだものということだけは聞き取れた。

三野《みの》瑞穂《みつお》上飛曹はやはりこの訓示を聞いた。列の後方にいたが「特攻」という言葉が出た瞬間、皆の背中が揺れたような気がした。藤井上飛曹と同じ大正十三年生まれの三野上飛曹は、昭和十七年四月第十一期甲種飛行予科練習生として土浦に入隊、翌年三月偵察術練習生として青島空に進んだが、修了後そのまま青島空に教員で残った。搭乗した機材は九〇機練、白菊。十九年十一月に攻撃二六二に転勤を命じられ、豊橋に着任。やはり実用機に乗ったのは銀河が初めてだった。電信員として搭乗、優秀な飛行機に乗せてもらっているんだという自負はあったが、降爆訓練の時、電信員は後ろ向きに座り、弾着を観測しなければならず、急激な引き起こしのGが掛かった状態で目を見開いているのが辛かったという。

訓示を聞いた時に三野上飛曹はびっくりしたが、覚悟はあったという。藤井上飛曹も同じ、聞いた瞬間どきんとしたが決められたことだと思い、落ち着いた。梓特別攻撃隊に関しては、巷間言われているような事前に特攻への志願を募るようなことはされていない。もはや戦局はそのような希望を聞いている時期を過ぎた、ということだったのか。ただこの時藤井上飛曹はペアであった偵察員の渡辺兵曹が急性胃潰瘍で入室したため、第二次攻撃隊員を命じられ、築城に残った。

この日午後指揮官黒丸大尉のほか、誘導部隊となる八〇一空飛行隊長日辻常雄少佐（兵六十四期）らは鹿屋の五航艦司令部で初顔合わせを行なっている。

梓特別攻撃隊に指名された一七機は鹿屋への速やかな進出を命じられ、二十一日築城から鹿屋に向かうが、折からの雨天に阻まれ一三機が宮崎に不時着し、四機が築城に引き返した。二十二日全機鹿屋進出、午後から作戦打合せ、訓練が開始された。先にも述べたように、攻撃二六二のみでは機材、搭乗員とも不足で部隊編成が充足できず、同じ七六二空の攻撃四〇六から搭乗員八組、予備を含む機材一一機が編入され搭乗員は二十日付で攻撃二六二に転勤となった。これによって予備を含む搭乗員二五組、

昭和20年2月24日、特攻隊に選抜され、詫間から鹿児島・鴨池基地に向かう八〇一空の搭乗員。ほぼ中央、長身で敬礼しているのが長峰上飛曹。

機材三〇機が用意されたことになる。
　またこの日、連合艦隊は五航艦宛て信令作特第二号を発し、その中で進撃航路を九州（鹿屋）からウルシーまでの直接進撃とした。これにより銀河は一三六〇カイリ（約二五〇〇キロ）を無着陸で飛行することになった。攻撃部隊は攻撃予定日決定まで築城を退避基地としながら、機材の整備、試飛行、兵装の改修、誘導機との通信、編隊誘導訓練を行なった。一方、残された藤井上飛曹ら第二次攻撃隊と雷撃隊は宮崎に進出した。

　この間新たに梓特別攻撃隊に指名された搭乗員たちがいた。八〇一空の二式大艇三ペア三六人である。二月二十三日朝、香川県の詫間空では指揮所前への総員整列が命じられ、壇上に立った日辻少佐は隊員たちの前で梓特別攻撃隊について作戦の概要を説明し、二式大艇部隊も特攻に指名され一機は天候偵察機として、二機は銀河部隊の直接誘導部隊として攻撃に参加することを告げ、さらに本来志願によって参加者を選抜すべきであるが、全員が志願するであろうから、司令部で予め選抜した機長名を今から発表すると述べた。沈黙が全体を覆った。この時誘導隊二番機として選抜された長峰五郎上飛曹は自分の機の機長名が読み上げられた時、頭から血の気が引き、膝が震えた。

なぜ誘導のみの二式大艇部隊まで特攻隊に加えたかについてはさまざまな疑問が残るが、五航艦の先任参謀であった宮崎隆大佐の戦後の回想によれば、「長途行動中の交戦も予期され、燃料消費量からも無事帰投が困難な作戦の特質から、全員特攻の指導方針にもとづいて定めた」と述べている。選ばれた三機は翌二十四日、詫間を発ち、鹿児島の鴨池基地に到着、二十五日からは銀河部隊との合同訓練、編隊飛行などの訓練が行なわれた。

二十七日には攻撃に関する詳細が定められた第二次丹作戦指導腹案が五航艦司令部から提示されている。

たとえば攻撃目標については、

「ウルシー在泊の敵機動部隊空母に対し、過集中に陥らざる如く目標の配分を適切ならしむると共に、轟沈を確実ならしむる為、概ね一艦に対し三機を標準として攻撃す」ること、また進撃の予定時刻を推定し、攻撃隊の発進を午前八時、南大東島通過を午前十時、沖ノ鳥島通過を正午ごろとし、目標のウルシーに日没の三〇分から一時間前に着くことを目指すこと。そして途中攻撃決行を取り止める条件として、「攻撃隊主力が沖ノ鳥島以北に於いて敵の哨戒機との接触を受け、或いは敵潜水艦により発見せられ」た場合、「攻撃隊主力の沖ノ鳥島通過時刻が午後一時を過ぐる」場合などを挙げている。

一艦に対して三機当たれ、などというのは人間を弾に換算した随分非情な言い方のように聞こえるが、このような記述はすでに特攻が十九年十月に始まった時点から当時の第一航空艦隊の文書などに散見される。銀河もすでに十九年十一月十五日に七六三空麾下の攻撃五〇一が疾風隊として特攻出撃しているが、その際にもこのような指示がされた可能性は充分ある。八〇〇キロ徹甲爆弾の性能からいってこのような判断が下されるのだろうが、特攻の冷酷さを物語る記述である。

ウルシーの米機動部隊の動静は、トラック島に派遣されていた三航艦所属の偵察第四飛行隊の彩雲が偵察にあたった。二月十日木更津に展開していた偵四の伊東国男飛曹長はトラック進出の命を受けた。三木琢磨大尉（兵七十期）の操縦する指揮官機の偵察員として明くる十一日午前八時半、六機とともに木更津を離陸、第四艦隊の所管となるトラック島に着いたのは三機だけであった。残された三機は十七日からブラウン、ウルシーへの偵察を繰り返すが、さらに未帰還機が出て九日のウルシー偵察時に

ウルシーの在泊状況を強行偵察したのは偵察第四飛行隊の彩雲だった。写真は偵十一の機材。

残ったのは伊東飛曹長の乗る一機のみ。九日は高度七〇〇〇メートルでウルシー上空を航過、P－38の追撮を受けながら、空母二三隻、戦艦一八隻、巡洋艦三二隻などの在泊を確認、連合艦隊、第四艦隊司令部宛て暗号電文を打電した。

その日、九州空で図上演習を行なっていた宇垣長官は、第四艦隊からの速報を受け、翌日の第二次丹作戦・梓特別攻撃隊の出撃を決意する。隊員たち七五名には、昼過ぎ鹿屋基地の指揮所前に総員集合がかけられ、黒丸大尉から出撃が明日になったことが伝えられた。

指揮所前には「南無八幡大菩薩」とか「丹心赤褌黒丸一家《たんしんせきふんくろまるいっか》」といった幟が立てられていた。梓特別攻撃隊が編成された直後、黒丸大尉の発案により、部隊員は救命胴衣の下帯に赤い布を縫い付けた。この下帯は背中側から股間を通して前で結ぶようになっているのだが、一見すると褌のように見える。そのためこの帯を赤くすることで「赤褌」と呼んだのであろう。黒丸大尉は梓部隊の指揮官になって以降は、敢えてべらんめえ口調を使ったという説もある。藤井上飛曹は「俺たちは空のやくざだ。子分たち、親分についてこい、丹心赤褌黒丸一家の殴り込みだ」と大尉が繰り返し言っていたことを覚えている。同じ鹿屋で特攻の準備をしていた七二一空神雷部隊、野中五郎少佐に対する対抗心のようなものがあったのではないか、という人もいる。いずれにせよ、空の荒くれ者と自称し、精神的な絆を結び合おうとした特攻隊の難しい精神状況が垣間見られるようなエピソードである。

出撃日決定の訓示の直前、黒丸大尉は宮崎基地に赴き、藤井上飛曹を指揮所に呼び出した。大尉は上飛曹の顔を見て「おう」と声を掛けると、指揮官機の操縦員であるK飛曹長が急性胃炎で入室したため、替わりに操縦をやってくれと頼んだ。もちろん上飛曹に断る理由はないし、断ることもできない。二つ返事で藤井上飛曹の指揮官機操縦が決まった。梓特別攻撃隊が編成される以前から、上飛曹は要務飛行で大尉を銀河に乗せて飛んだ記憶がある。長い偵練での操縦経験に大尉が安心感を感じ、指揮官機の操縦を任せようと思ったとしても不思議ではない。藤井上飛曹には慌ただしい鹿屋への移動となった。

攻撃隊発進、矢は放たれた

翌十日午前三時、天候偵察のための二式大艇が鴨池を離水。午前五時四十五分特別攻撃隊員総勢七二名鹿屋戦闘指揮所前に集合。午前六時宇垣長官より訓示。離別の杯を恩賜の酒を以て行なう。宇垣長官が行なった訓示が現在も残されている。

「梓特別攻撃隊出発ニ際シ訓示

連合艦隊司令長官ノ命令ニ基キ本職ハ梓特別攻撃隊ニ対シ本日其ノ決行ヲ命ズル（中略）選バレタル諸子ノ光栄大ナルト共ニ誠ニ御苦労デアリ　本職ハ最大ノ感激ト感謝ヲ以テ諸子ヲ見送ル次第デアル（中略）決行手段ニツイテハ出来ルダケノ手段ハ講ジテアルガ万一天候其ノ他ノ障害ノ為指揮官ニ於テ成功覚束ナシト認メタル場合ハ機ヲ失セズ善処シテ再挙ヲ計レ　決シテ事ヲ急グ必要ハナイ

既ニ期スル時日アリ　神ノ子デアル諸子ニ対シ其ノ他多クヲ言フ必要ヲ認メヌ　諸子ノ純忠至誠ト多年練磨ノ技倆トハ必ズヤ神霊ノ加護ヲ受ケ成功疑ナシト確信スル

出撃前、報道班員のカメラに収まる梓特別攻撃隊員。

安ンジテ行ケヨ」

しかしこの日の攻撃は出発前に中止となった。第四艦隊から入電した写真判読の結果がうまく解読できず、三分の一までできてもまだ空母の在泊状況が掴めなかったからである。すでに天候偵察機は相当の部分まで進撃してしまっており、中止か否かは逡巡を許さない状況で、宇垣長官自ら中止を即断した。銀河は離陸することなく進発を中止した。

中止が決定されたのは午前八時半ごろ、すでに午前七時に発進していた誘導の二式大艇は南大東島付近まで進出していた。

結果的には電文は最後まで解読すると、正規空母八、護衛空母七の在泊が確実であることが分かり、攻撃は翌日に順延となった。攻撃が伸びたことを宇垣長官は結果的にはよかったと判断した。つまり、一、攻撃隊員に時間的な余裕を与えた。昨日は急な決定で睡眠不足の者も見受けられ、興奮しているようにも見えた。二、敵の在泊状況を明確にできた。三、天候偵察機の報告により、追い風が強く、出発時間を一時間遅らせることにした。このことで飛行時間を減じ、敵哨戒機との遭遇の可能性が低くなった、というのである。ただこの三番目の判断は結果的に翌日の失敗へと繋がるのだが。

出撃の様子を自分のカメラに収めた榎本哲大尉。大尉は整備予備学生4期の出身。

攻撃が一日延びたため、十日の晩は准士官以上が水交社に呼ばれ晩餐会が行なわれた。また藤井上飛曹ら下士官も隊内で出撃の壮行の宴を持った。

三月十一日、未明から鹿屋基地の掩体壕で彩雲の整備をしていた偵察一一飛行隊の整備分隊長・榎本哲《えのもとさとし》大尉は、指揮所の方角から聞こえる爆音に気がついた。まだ朝靄がかかっていたと記憶する。大尉が爆音の方角に走っ

出撃前の黒丸大尉機。機首の天蓋を開け、上半身を乗り出しているのが黒丸大尉。

ていってみると銀河が列線を敷いて発進準備をしている。近くにいる整備員に聞くと、ウルシーに片道特攻をかけるのだという。驚いて大尉は私室に戻り、愛用していたローライフレックスを持って取って返した。

指揮官機はすぐ分かった。従兵や報道班員などが取り巻いていたからだ。指揮官が黒丸大尉だったと知ったのは戦後のこと。榎本大尉は都合一〇枚の写真をこの時撮っている。その中には遠景ながら藤井上飛曹も見えるし、第三区隊長を務めた落合勝飛曹長の辞世を胴体に書いた銀河の姿もある。「武夫の行くては同じ雲萬里　えみしの空を茜と染めけむ」というこの辞世は報道班員の希望で書かれたという。

零水偵や零観の整備を長くやった榎本に

よると、指揮官の黒丸大尉機の整備は完璧であったろうとのこと。指揮官機にはそれなりに程度のよい機材が回されるし、整備も分隊士や時には分隊長がするので状態はいいはず。写真でもH－6電探を機首に付けた黒丸機には分隊士クラスの整備員が取りついているように見える。

そのころ藤井上飛曹は撮影されていることなど気がつかずに、操縦席で航路のチェックに余念がなかった。なにしろ一番機を操縦するのも初めてであれば、銀河で一〇時間以上の長距離飛行をするのも初めてだったからである。残された「七六二空戦闘詳報」によれば、攻撃隊が発進したのは午前八時五十五分から九時十分の間。朝靄はきれいに上がっていた。

落合勝飛曹長は甲飛1期の出身。鈴鹿空の教員から転勤してきた。

八〇〇キロ爆弾に加え、左右の増槽と胴体内に六五〇〇リットル近い燃料を満載した銀河は一五トン近い。過荷重状態の銀河を離陸させる際、藤井上飛曹は緊張した。離陸以降の進撃状況については、無線のやりとりおよび生還した部隊員からの聞き取りをもとに

辞世の句を胴体に書き込んだ落合飛曹長機。「茜に染めて」と書くべきところを「晒に染めて」と誤記したことを後年ずっと悔やんでいた。

作成された「七六二空戦闘詳報」と、戦後長峰五郎氏が書かれた『死にゆく二十歳の真情　神風特別攻撃隊員の手記』（読売新聞社刊）、それに藤井氏の記憶をもとにまとめてみる。

午前九時二十五分　銀河二四機、佐多岬で二式大艇と合同、発動（航法）開始

午前十時二十分　南大東島三三五度一五〇海里

同時刻、米満輝繁上飛曹機長の第九区隊一番機が増槽からの燃料吸引ができないという理由で鹿屋に引き返す。この機は午前十一時十分鹿屋に帰着した。

午前十一時九分〜二十分　南大東

島上空で編隊を整えるため旋回。
午前十一時三十分　南大東島発進進撃
午前十一時四十五分　小木曽行男上飛曹の操縦する第一区隊二番機が発動機故障のため引き返す。同機は午後〇時十分南大東島に不時着小破。人員無事。すでに黒丸大尉機の列機が失われた。

三野上飛曹のペア。右から三野上飛曹、渡久山馨上飛曹、重信勉一飛曹。

三野瑞穂上飛曹の搭乗する第二区隊二番機は、重信《しげのぶ》勉《つとむ》一飛曹が操縦を務めていた。奇しくも三月十一日は重信一飛曹にとって二十三歳の誕生日でもあった。最年長の黒丸大尉が二十七歳、最年少者は十七歳という若い部隊の中で、重信一飛曹は年長者の部類だった。午前十一時四十七分ごろ、右発動機が白煙を吐くのを電信員席にいた三野上飛曹が発見、機長を務める偵察員の渡《と》久山馨《くやまかおる》上飛曹が右発動機の停止を命じる。片肺となった機を操って鹿屋まで戻るのは不可能。南大東島は滑走路が短く、着陸が難しい。機長は沖縄に向かうことにし、爆弾を投棄沖縄に針路を定めた。三野上飛曹は不時着を知らせる電文「フシ、フシ」を送信した。しかし途中で天候が悪化、午後四時十五分、宮古島に不時着を試みる。脚が出ないため、陸上への不時着を断念、海上に降りた。海に浮かんでいるところを駆潜艇に救助され、三人とも助かった。三野上飛曹はこのままおめおめと基地に帰れるかという思いが強くしたという。

三野上飛曹の機が脱落したあとも、引き返す機が続出している。

午前十一時五十分　峰政幸夫上飛曹機長の十二区隊二番機が左発動機の故障により引き返す。午後〇時十五分　南大東島に不時着。

午前十一時五十分　坂口明中尉操縦の第五区隊一番機、左発動機故障、南大東島に引き返す。午後一次半、不時着大破、人員無事。

午後〇時三十分　第十二区隊一番機、発動機故障。南大東島に不時着。

午後一時三十分　一三三〇　第八区隊二番機、右発動機故障、沖縄に向かう。沖縄小禄《おろく》基地不時着。

沖ノ鳥島までですでに七機が引き返した。このころ、指揮官機の藤井上飛曹は何とか沖ノ鳥島を視認しようとして目を凝らしていた。二月二十七日に出された第一機動基地航空部隊司令部の第二次丹作戦指導腹案では攻撃隊主力が沖ノ鳥島を午後一時までに通過できない場合は進撃を中止するとあった。すでにその予定時刻を三〇分以上も過ぎながら、まだ沖ノ鳥島を見つけることができない。一つには天候偵察機が通過してから四時間以上、偵察機からの報告では晴であったのが、いまは一面に一〇〇〇メートルくらいの雲海があり、海上を確認することができないこと。二つには言われていたような追い風がほとんどなく、スピードが出ないことがあった。

そして決定的なことは、誘導機と銀河の巡航速度が違いすぎるということだった。二式大艇の巡航速度は一六〇ノット（二九六キロ／毎時）なのに対し、零戦より速いとうたわれた銀河のそれは二〇〇ノット（三七〇キロ／毎時）。合同した時からどうやって二式大艇に合わせるか、それに腐心させられたと藤井は語る。四発の大きな二式大艇の後ろを双発の銀河が行きつ戻りつ、ついていくさまは悲惨を通り越してむしろ滑稽な感じがしたのではないか。

部隊は沖ノ鳥島を確認できず、推定で通過したのは午後一時四十分のことだった。ただ藤井上飛曹はこの時、雲海の切れ間から沖ノ鳥島を一瞬見たという。

二式大艇も何とか速度を上げようと必死だった。誘導機は一番機が離水に遅れ、それを待たず長峰上飛曹が操縦する二番機が南大東島からは単機で誘導にあたっていた。

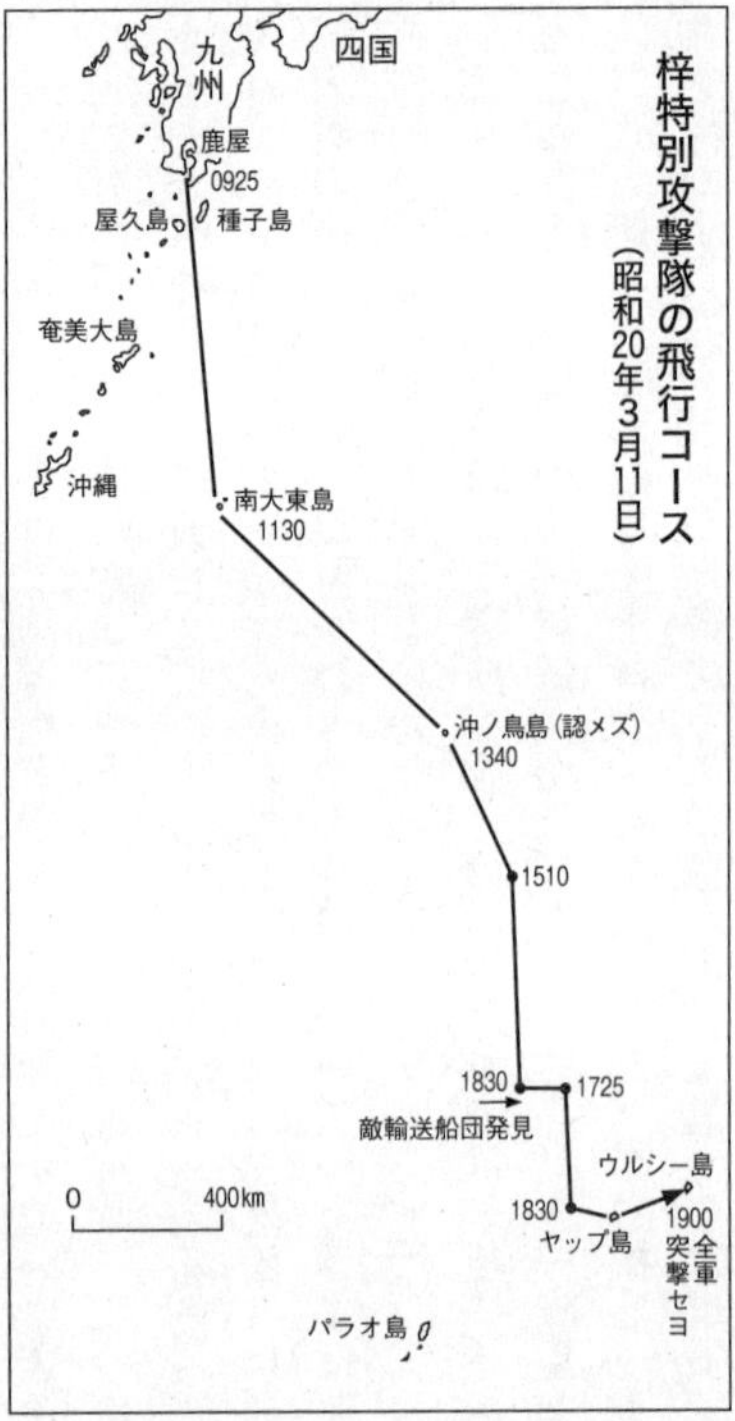

梓特別攻撃隊の飛行コース（昭和20年3月11日）

長峰上飛曹もどうやって銀河の巡航速度に少しでも近づけるか、オーバーブーストになりながら速度を上げ続けたが、それにも限界があった。沖ノ島島を視認しようと雲を上下したこともスピードを減殺させていた。

沖ノ島島を過ぎて黒丸大尉は電信員の富永喜見雄飛曹長に隊内電話で誘導の二式大艇にヤップ島の到着予想時刻を確認させた。予定は午後六時三十分。ウルシーの日の入りが午後五時四十五分とされていたので、ヤップからウルシーに向かう時間も勘案するとウルシー到着は日の入りより確実に一時間以上過ぎてしまう。どうしようか、ウルシー上空は真っ暗で作戦にならないのではないか、といったやりとりが大尉と飛曹長の間で交わされた。その時、富永飛曹長が「ちょっと待ってください」と言って大艇からリレーされてきた電文を読み上げた。「GF長官より訓電。皇国の興廃懸りて此の壮挙にあり。全機必中を確信す」。豊田副武大将からの檄電である。「よし、行こう」と行った時の黒丸大尉の言葉に藤井上飛曹はいささかやけっぱちな、行かなければしかたあるまい、といったニュアンスを感じたという。いずれにせよ、沖ノ鳥島を過ぎた今となっては引き返すことは不可能となった。

午後三時十分、第二区隊一番機高久健一少尉機、発動機故障の連絡を残して行方不明となる。もはや不時着できる場所はない。

闇の中に上がる火柱

渺々たる海原が続いていた。すでに離陸から八時間以上、操縦員の疲れも並大抵ではない。藤井上飛曹は窮屈な座席に下ろした尻に痛みを感じ、しきりに尻をずらすがどうにもならない。大艇に後続する銀河はどの機も疲れのためか、ふらふらと上に行ったり、下に行ったり、編隊の密度もバラバラになりつつあった。

高度を下げたことによる巡航速度の低下に加え、不運はまたも続いた。午後五時十分、ヤップの三一五度、一二〇カイリにおいて敵輸送船団と真っ向から遭遇。大艇は

銀河の操縦席。かなり窮屈で、10時間近い飛行は苦痛であったろうことが推測できる。

これを輸送船四、巡洋艦一、駆逐艦一、潜水艦らしきもの一と判断したが、攻撃隊は正面からの遭遇を回避するため九〇度変針せざるを得なかった。この出来事でさらに一〇分以上の時間をロスしてしまう。

　午後五時五十分、日没の時刻である。この時攻撃隊はヤップに向け変針、ヤップの到着予定時刻を午後六時と打電してきた。午後五時四十分ごろより鹿屋では宇垣長官が防空壕に入り電報を待っていた。

　しかし予定どおりヤップに到達することはできなかった。後続していた第三区隊長の落合飛曹長は西に偏針している、と思ったがどうにもならなかった。誘導機の長峰飛曹長は何度か変針を繰り返し、ついにヤップ島を視認した。時に午後六時三十分。藤井上飛曹によると、かすかに西の空に朱味が残っていたという。

二式大艇がヤップ発見のバンクをすると同時に銀河部隊は誘導機と分離し、ウルシーを目指した。ヤップからウルシーまでは一直線、ほぼ三〇分の距離である。その時、藤井上飛曹は大艇の後部左側にある乗降用扉が開いて軍艦旗が打ち振られているのを鮮明に覚えている。指揮官機はこのとき、一五機の銀河を視界内に確認したと打電している。

ウルシーでは「敵の電探に引っ掛かるのを注意してヤップで高度を五〇〇メートルに合わせ、そのままウルシー上空に突入しました」。藤井氏はそう証言する。各小隊長機から列機に対し、隊内電話で「皇国の興廃懸りて此の壮挙にあり。全機必中を確信す」との送信が行なわれた。ウルシーに到達する直前、午後六時五十八分に指揮官機は「我奇襲に成功す」を打電。さらに午後七時、「全軍突撃セヨ」を隊内電話で下命。同時に第一区隊の列機二機を従えて、黒丸大尉は編隊最後尾に占位した。替わって第二中隊一番機の福田幸悦大尉機が最前部に踊り出る。指揮官機は最後まで戦場に残り、戦果報告を果たしたあとに突入することになっていた。藤井上飛曹は一二機の銀河が吐くエンジンからの排気炎を見送った。

攻撃が行なわれた十一日から九日後、一九四五年三月二十日付で米軍はこの攻撃に

ランドルフに体当たりを果たした福田幸悦大尉機のペア。

対するアクションレポートを出している。それによると当日午後七時（報告書では午後八時、当時ウルシーの時差は日本より一時間進んでいた。以下、日本時間に翻案する）のウルシーの天候はおおむね晴れであるが、雲高一五〇〇メートル程度の積雲が四／一〇ほど空を覆っており、海面は大変暗く、視界は八キロ程度であったとしている。

　米軍は日本機の接近に気付いていなかったわけではない。午後六時四十五分の時点で空母「ハンコック」のレーダーは一〇〇キロ遠方に敵味方識別不能の飛行機群を発見していた。そしてこの飛行機群が六五キロまで接近した段階で夜間戦闘機を発進させ、迎撃を開始したという。この夜間戦闘機はフロラップ基地からの電波誘導で、ちょうど午後七時ごろに二五キロから三〇キロの地点で識別不明機を邀撃できるはずであった。しかし米軍の夜戦は日本機の捕捉に失敗した。午後七時五分にはウルシーに在泊のすべての船に対し航空警報が発せられていた。

藤井によるとウルシー上空は真っ暗だった。スコールが島全体を覆っているように思えた。午後七時、第二中隊第七区隊一番機福田大尉機より「我奇襲に成功す」が、さらに一分後「正規空母に突入せんとす」が発せられた。

米軍の記録では午後七時七分、護衛空母「ランドルフ」は後部甲板に体当たりを受けた。米軍が警戒警報を出してわずか二分後のことである。この時ランドルフでは格納庫甲板で映画が上映されており、ちょうど一本目の映画が終わりフィルムを差し替えるところであったという。まったくの不意撃ちに後部甲板付近は火の海と化した。とくに銀河が突入した甲板の下には四〇ミリ連装銃機銃の銃座があり、そこの火薬が誘爆したことが火災を大きくした。

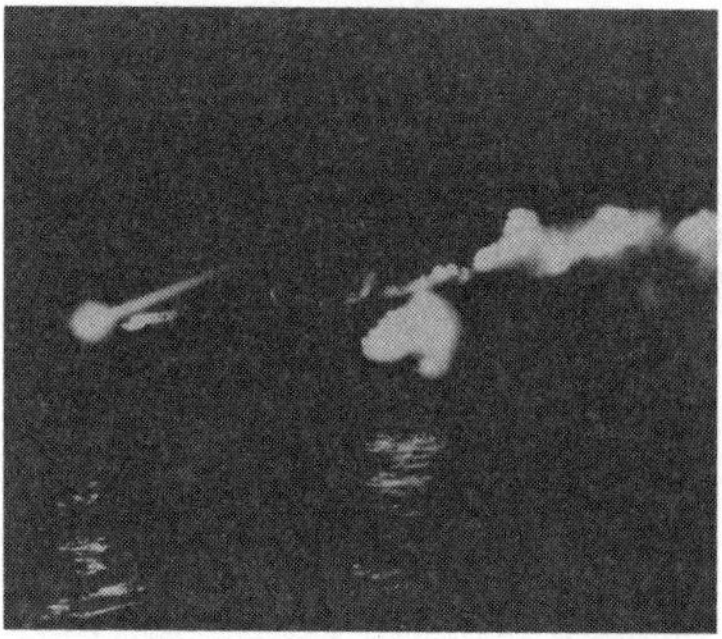

火柱と煙を上げる空母ランドルフ。その炎はメレヨンに向かった二式大艇からも見えたという。

この火柱は黒丸機のならず、メレヨンに向かって退避中の二式大艇からも望見できた。銀河はランドルフの飛行甲板後端からおよそ五メートルの右舷の際を直撃、八〇〇キロ徹甲爆弾は船体を貫

福田機は後部飛行甲板に突入した。懸命な消火活動が行なわれるランドルフ艦内。

通して爆発した。火災は四時間後にほぼ消し止められたが、完全に鎮火したのは翌日の午前六時であった。鎮火後日本人の遺体三体が収容され、うち一体は大尉の記章を付けていたという。今回の梓特別攻撃隊に参加した大尉は、黒丸大尉、福田大尉ともう一人、第二中隊第四小隊長の大岡高志大尉の三人であるが、交信記録などからみて、ランドルフに突入したのは福田大尉機であると判断される。

藤井上飛曹は火柱との距離を計りかねていた。ずっと遠くにも思えるし、ほんの一キロぐらいの距離かもしれない。ただ断続的なスコールが正しい距離の測定を阻んでいた。米軍は最初の火柱で灯火管制を敷いたように思えた。その暗闇の中で何回か火柱が続けて上がる。「一本、二本……」その火柱を上飛曹は全部で八本見た。ただ、最初の火柱を除くとあとのものはいずれも短く、暗い火柱だった。第三区隊長の落合飛曹長は、帰還後の報告で火柱五本を見たと報告している。一方銀河隊と分れ、メレヨンに向かっていた二式大艇でも火柱を確認している。一本目が上がったあと、長峰上飛曹は「火柱の本数を確認せよ」と命じたが、報告された数は六本から一二本まで、搭乗員によってまちまちであった。

指揮官機の電信員である富永飛曹長は「クライ、クライ　デ　艦種不明」と平文で打電している。

何分くらい環礁の上空にいたのだろう。随分長い時間のように思えたし、あっという間の出来事のようにも思えた。撃つことによって自らの位置を確認されるのを怖れたのか、米軍も一発も撃ち返してこない。黒丸大尉機が「ヤップ」に向かうと打電したのは午後七時二十五分のことだった。大尉が「帰るか」と言った時、正直「ほっとした」と藤井は語る。灯火とおぼしき辺りに投下した爆弾は不発、結局ウルシー上空にいたのは三〇分弱だった。

ほっとしたのもつかの間、ヤップまでの道のりも藤井上飛曹にとっては簡単なものではなかった。ヤップまでは暗夜、自分の機位も不明な中を推測航法していかなくてはならない。上飛曹にとって、実際の推測航法は初めてのこと。偵察席の黒丸大尉が航法目標弾を投下、指示に従ってヤップを目指す。突撃下令時に随伴した二機のうち、玉井良登一飛曹が操縦する三区隊二番機は一九四五、不時着を打電して行方不明となった。黒丸大尉機と一緒にヤップを目指したのは第三区隊一番機の落合飛曹長機のみ

一夜明けて空母ランドルフの被災状況が明らかになった。

であった。

ヤップには落合飛曹長の方が先に着いた。午後八時のことである。渡久山上飛曹の操縦する機はカンテラの夜設しかない滑走路に無事着陸したものの、滑走中に爆弾孔に脚をとられ、転覆大破した。九区隊二番機の出山秀樹上飛曹長は午後七時四十五分、ヤップ上空に到達したが着陸寸前高度測定を誤り、山の斜面にぶつかり大破。怪我人がでたが命に別状はなかった。さらに攻撃中にエンジンが不調となり、ヤップを目指した五区隊二番機は、ヤップ島北にある陸軍が駐屯していたルモング島に不時着水するが、着水後誤って銃撃され二人が死亡、一名も重傷を負った。結局不時着電を発して行方不明となった三区隊二番機を含めると、五機がウルシーを離脱したことになる。

鹿屋の防空壕で入電する電文に耳を傾けていた宇垣長官は、午後六時五十八分以降入電してきた「我奇襲に成功す」や「我正規空母に命中せんとす」といった電文によようやく愁眉を開いた。

続々と入電する「突入」の電文に、いったんは成功を信じたものの、翌日のトラック島から戦果確認に出た彩雲の偵察結果に宇垣長官は落胆した。再びウルシーに飛んだ伊藤国男飛曹長は環礁内に油が流出しているのを確認したが、空母が減っている様子はなく、艦船は逆に増えているように見えた。

この連絡を受けた宇垣は日記に「全く失敗に来せり」と記している。

後部甲板には破壊されたヘルダイバーの姿も見える。

結局米第58任務部隊の出撃を遅らせる、という第二次丹作戦・梓特別攻撃隊の目的は達成されなかった。第58任務部隊は予定どおり、三月十四日ウルシーを出撃し日本本土攻撃に向かった。ランドルフのみ修理のためにこの作戦への出撃を見送らざるを得なかった。

ヤップ島に辿り着いた黒丸大尉以下三機の搭乗員と、ルモング島に降りた一名の計一〇名はただ一機無傷だった落合上飛曹機で帰還することを計画。しかし十一日の攻撃がヤップ島から行なわれたと推測する米軍が十二日に空襲をかけてきたことなどから出発は十四日となった。一〇人が乗るために、機銃、爆撃照準器、防弾板などが取り外し、重量的には問題がなかったが、増槽がないために、燃料的には一抹の不安があった。結局偵察席に四人、操縦席に一名、後部電信員席に三人、怪我をした二人を爆弾倉に入れ、十四日午前七時にヤップを離陸。九時間かけて鹿屋にすべり込んだ。そのまま黒丸大尉は宇垣長官に攻撃の報告に行き、怪我人を除く搭乗員はそのまま宮崎に移動した。胴体に辞世を書き込んだ落合飛曹長機のみが唯一ウルシー攻撃から帰還するといういささか皮肉な結果となったが、この機体も十八日米機動部隊の宮崎空襲によって炎上、消失した。

　黒丸大尉の帰還報告を待って、宇垣長官は十四日の「戦藻録」に梓特別攻撃隊に対する評価を認《したた》めている。それによると、十二日に一三六〇カイリという「此の大行程を此種機材を以て計画するは大体に於いて無理なるよう考えられる」とこの作戦そのものに対する否定的な評価をした上で、その「失敗の最大原因は前日の天候偵察により出発の一時間遅延、誘導機の発進困難の為佐多岬の進発更に三〇分の遅延、途中船団を脱過する為の運動等により時間の遅れに加うるに機速度一六〇余浬に過ぎざりし等時期を失したるに在り。其の多くは指導部の至らざるに因る。即ち本職の責任なり」と述べている。

　しかし戦果報告が意外なところからもたらされた。十四日にウルシーを抜錨した第

58任務部隊は十八日、沖縄攻略の前哨戦として九州南部の特攻基地を襲撃、さらに翌十九日には呉軍港を空襲したが、その際に撃墜された米艦載機の搭乗員が尋問に答え、十一日の日本体当たり機はランドルフに命中、飛行甲板の三分の一を破壊、甲板上の飛行機を消失させせたというのである。（呉鎮機密二二〇九五番電・捕虜尋問速報）

この戦果によって、第二次丹作戦に対する評価は俄然、変わったのではないか。四月一日付で作成された七六二空の「第二次丹作戦戦闘詳報」ではこの作戦の戦訓を要約すると以下のように述べている。

一．戦場到達遅きに失し、攻撃の神機を逸せること。

十日の天候偵察機の判断により、追い風があると推測したのにそれがほとんどなかった。誘導一番機が離水に時間がかかり、三〇分の遅れを出した。沖ノ鳥島以降、雲の下に出たことにより、速度が低下した。敵輸送船団と遭遇したことにより一〇分を失う。南大東島で編隊を整えるために一〇分を要した。実際の航路に対し、西偏したため、ヤップ発見に三〇分を要した。これらの条件が重なることによって、目標到達が予定より一時間一五分あまり遅れた。

二．銀河と二式大艇の巡航速度が違いすぎた。

三．銀河の航法能力では、単独で目標に向かうことは不可能で、潜水艦による誘導等も研究が必要である。

四．ウルシー到達時にはまったくの奇襲であった。従って、戦場到達が一時間早ければ徹底的大戦果を挙げていたと考えられる。

五．途中引き返す機が続出したことについては今後の対策が必要である。

（以下略）

おおむねこのような戦訓、評価であった。ただ四番の時期を失さなければ、決定的戦果を挙げられた、という判断はどんなものであろうか。米軍もACTION REPORTで夜間の迎撃の難しさを認めているが、この攻撃は夜間になったが故に奇襲攻撃となった、という側面があったのではないか。そのことを無視してまだ日没までに攻撃できれば決定的戦果を挙げられたのでは、という推測はどう考えても後知恵のように思える。

ただもっと深刻なのは五番の銀河の故障の原因であった。「戦闘詳報」では故障、帰還した八機のうち、水没等の事故で失われたものを除く六機についてその原因を載せている。それによると増槽の不良による燃料吸引がうまくいかなかった機が二機。エンジンの点火栓の汚れ、不良が二機。油冷却器の漏油が一機。発電器のバネ折損が一機となっている。攻撃二六二の整備分隊士を務めた小磯によると、増槽は合板によって作られていたが、工作精度が悪くいったん特定の機に装着してしまうと外すのが面倒で、実戦で投下してしまうまでほとんどぶら下げたままであったという。「戦闘詳報」でもこれらの機が一カ月にわたって増槽を装着したままであったと難じ、戦闘に出撃する時以外の取り外しを励行するよう述べている。

しかしやはり最大の問題はエンジンであった。シリンダー・ヘッドの割れ、点火栓の破損・汚染、電纜不良、マグネトーの不良、水ポンプの焼きつきなど、誉エンジンの故障には泣かされたと整備予備学生三期出身の西村眞舩《にしむらまふね》は証言する。攻撃四〇五、四〇六、四〇一と整備分隊長として銀河の面倒を見続けた西村が一番覚えているのは十九年八月、大分で陸軍の九八戦隊の四式重爆と攻撃四〇五の銀河が協同の雷撃訓練をした時のこと。八機ずつの銀河と飛龍が参加した訓練で、銀河は三日くらい前から不眠不休で整備にあたったが相変わらずエンジンの調子が悪い。一方の飛龍は攻撃前日に飛来、整備員は機体にカバーを掛けただけで翼の下で酒盛りを始めてしまった。当日になっても銀河は五、六機しか動かないのに飛龍は全機悠々と飛び立っていく。中島の栄を一八気筒化した誉を搭載した銀河と、火星を一八気筒化したハ一〇四（統合呼称ハ四二）を搭載した飛龍ではそのくらいエンジンの信頼性が違った。異常音がするごとにカウリングを外して点火栓を取り替えなければならない銀河に対し、多少のパンパンいう音くらいであれば、スロットルをふかして焼き、調子を揃えてしまう荒っぽい作業のできる飛龍を大尉は羨望の眼差しで見ていたという。

いずれにせよ暖機運転のし過ぎによる点火栓の汚損も、増槽の吸引不能も、初歩的なミスではないか、とは当時の整備関係者。すでに搭乗員の腕を云々するだけでなく、整備員も質が落ちていたということか。また機材そのものの精度も銀河が「あ」号作戦に参加したころと比べると格段と落ちていたのであろう。

しかしこれら銀河の故障は、次に控える第三次丹作戦に比べればまだこの第二次丹作戦の時にはましな方であった。

第三次丹作戦・ウルシーの空は遠く

四月末になって連合艦隊は再び、敵機動部隊をその根拠地で叩く計画を立てた。今回の攻撃部隊主力には三航艦麾下の七〇六空が選ばれ、五航艦の一部が編入されることになった。攻撃にあたっては長駆ウルシーへの直接攻撃は搭乗員の技倆の問題からかなりの困難がともなうとし、トラックを経由しての攻撃が考えられたが、通信情報が解読されていると思われる不可解な空襲が続き、同島の使用を断念した。結局、今回の攻撃も第二次丹作戦と同じ鹿屋からの出撃となり、指揮官には攻撃四〇五で乙種

20年5月1日、木更津で編成された第三次丹作戦第四御楯隊の面々。前列中央は視察に訪れた豊田副武連合艦隊司令長官。

予科練一期出身、航法の神様と言われた野口克己大尉が選ばれた。

宇佐で艦爆の教官をしていた一木（旧姓・椚《くぬぎ》）栄市は二十年三月、攻撃四〇六に転勤を命じられ松島に着任する。はじめての双発機にとまどいながら、その急降下時のすわりのよさ、スピードに魅力を感じたという椚飛曹長は野口大尉から指揮官機の操縦を命じられる。攻撃隊は五月一日、豊田連合艦隊司令長官臨席の下、木更津で編成され「第四御楯特別攻撃隊」と命名された。先述のように、トラック島使用を断念したため、四日木更津から鹿屋に移動、決行は七日とされた。

今回の攻撃が前回の第二次丹作戦と異なった点は、攻撃能力を高めるため八〇〇キロ爆弾を二発搭載したこと、天候偵察機には一式陸攻を使用、二式大艇による誘導を行なうものの、直接誘導をやめ、予定航路上に航法目標弾を一〇海里ごとに投下、到達線を構成するとともに、長波、電探電波の輻射を行ない攻撃隊を誘導しようとしたことなどが挙げられる。八〇〇キロ爆弾は直列に二発懸垂されたが、うまく収まりきらないため、尾部の羽を外して搭載した。「芋」をぶら下げたような異様な姿であったとは一木の回想。

攻撃隊二四機は七日午前六時四十五分に出撃したが、その時点で一機が離陸に失敗大破し、四機が故障で出撃を取り止めた。また途中脱落する機が続出し、沖ノ鳥島付近まで来た時点で隊長の野口大尉機に後続するものは四機となってしまった。またその先天候が悪化している模様であったので、指揮官は攻撃を断念、帰還した。

当日鹿屋で攻撃部隊の出撃を見送った宇垣五航艦長官は、この日の「戦藻録」に「特攻銀河の使用に就いては異見を有し、丹作戦に予て賛意を表せざる所以茲にありとなす」と銀河の長距離特攻に否定的な意見を認めている。この後、攻撃予定日は十日、十二日、十四日と順延されるが、十四日に米艦上機の攻撃を受けるにおよんで第三次丹作戦は中止のやむなきにいたった。

晴天白日旗の銀河

六月下旬沖縄失陥以後、海軍総隊は銀河によるウルシー攻撃を再び企図していた。しかし、沖縄近海の航路が取れないこと、米軍が泊地を実質的にレイテに移行したと思われることから鹿屋発のウルシー攻撃を断念し、台湾本島からレイテへの特攻攻撃に切り替えた。攻撃隊主力には六月五日に行なわれた部隊改編で攻撃二六二、攻撃五〇一を吸収した七〇六空の攻撃四〇五が再び当てられ、今回の攻撃隊指揮官には第二次丹作戦の指揮官であった黒丸直人大尉が選ばれた。三月一日に高知空の教員配置から攻撃四〇五に転勤してきた小笠原（戦後木村と改姓）正雄一飛曹の記憶によれば、その発令は松島基地にいた攻撃四〇六が機動部隊の艦載機による空襲を受けた七月中旬直後にあったという。松島の指揮所の壇上に黒丸大尉が上り、「国のためにとことんやる、みんな俺についてこい」とぶった。他の隊長もいるのに随分と威勢のいい人だな、という印象を受けた。沖縄で死んだ戦友に続くのだ、と決意していた一飛曹もその晩ふとんに入ると父母の顔や、小学校の友達、故郷の景色が目に浮かび、寝つかれなかったという。

八月二日には日本海側の小松基地に進出。ここで特別外出が許されたあと、四日から七日にかけて二五機の銀河は少数ずつ台湾を目指した。四日に高雄に向かった小笠原一飛曹は隠岐島を眼下に眺めながら対馬上空で変針、台湾膨湖諸島をめざし無事高

20年8月10日、台湾の高雄基地でカメラに収まる第四次丹作戦第五御楯隊の搭乗員。

雄に着陸した。しかしこの日小松を出撃した一六機のうち、一機が上海沖で敵機に撃墜され、三機がエンジンの故障により小松に引き返し、結局高雄に着いたのは一二機であった。このほか、台南に五機、新竹に五機が分散配置された。

十日に高雄基地の戦闘指揮官所前で撮影された『神風特別攻撃隊第五御楯隊』のたて札とともに写る隊員たちの姿が残されている。三六人の搭乗員たちはいずれも甲種予科練の十二、十三期、乙飛の十六、十八期、十三期飛行予備学生といった者たちが中心の、驚くほど若い部隊であった。

第四次丹作戦に参加した銀河は八〇〇キロ爆弾を搭載していたが、携行弾数は一発だったという。ただやはり爆弾の後ろの羽が外されていてグロテスクな印象がした。

小笠原一飛曹は十三日に出撃すると言われ、出身地の青森では八月十三日はお盆の先祖参りの日だから自分が死んだあとも皆自分の命日を忘れないでくれるだろうと思った。ところが、十三日の攻撃は延期、再出撃の日といわれた十四日にも命令は下されなかった。この間、ポツダム宣言受諾の報も流れる中、海軍総隊から攻撃目標をレイテから沖縄に変更するとの電文が打たれたりしたが、明確な偵察情報が得られないまま、時は刻々と終戦に向かっていった。

十五日昼、一飛曹は指揮所前で玉音放送を聞く。放送そのものは聞き取りにくかったが、放送終了後台南空高雄派遣隊長山下少佐と同司令藤井少将からの訓示で、日本がポツダム宣言を受諾した旨聞かされた。

小笠原一飛曹が玉音放送よりも強く敗戦を感じさせられたのは、九月十五日になって進駐してきた中華民国空軍によってであった。自分の愛機一七号機の日の丸の上に晴天白日旗が書き込まれていくのを茫然として眺めていなければならなかった。

戦後木村と改姓した氏の回想によると第四次丹作戦の時も、特攻参加者に希望を聞かれたことはない。第三次丹作戦時には野口大尉が希望を募った、という話もあるが、自分の時はそんなことはなかったと断じる。小松で特別外出が許されたものの、青森に帰るだけの時間もなく、郵便局から為替で俸給を実家に宛てて送った時に「ああ、死ぬんだなあ」と思ったという。「銀河はもう部隊に行ったときから『アウトレンジの特攻機』と言われていましたから。随分高い棺桶をもらったなあ、というのが印象でした」。

銀河という飛行機の悲惨な運命がこの言葉に凝集されてはいまいか。

もともと太平洋戦争開戦前の昭和十五年に銀河は試作が始まった。当初、優秀な搭乗員によって操縦され、少数機が「不沈空母」である島嶼に配備、アウトレンジから敵艦隊に対して攻撃を仕掛ける航空機として計画された銀河は、実際にはその想定を超える展開となった実戦で、まったくと言っていいほど真価を発揮できなかった。護衛戦闘機がつかない、制空権のない戦場では少しぐらい優速の爆撃機など、ほとんど役に立たなかったのである。

「アウトレンジ」という言葉に呪縛され続けた日本海軍の戦略が銀河という「不運」の機材を生んでしまったのではないか。第一次から四次まで続く丹作戦の虚しい空転は、その事実を無慈悲に突きつけているように思われる。

ウルシーからの生還を果たした藤井上飛曹は、しばらく体調を崩し入室していたが、六月になって松島の攻撃四〇五に転勤、そこで銀河によるサイパン、マリアナの空襲を準備しつつ終戦を迎えた。上飛曹が四年にわたる海軍生活を終え、故郷の三重に帰ったのは九月初めのことだった。

台湾にいた小笠原一飛曹が、ほかの仲間たちと引上げ船で広島県宇品の地を踏んだのは、昭和二十一年三月二十一日、粉雪の舞う寒い日であった。

人間爆弾はいかに生まれ、そして潰え去ったのか

神雷部隊始末記

1944.7－1945.8

海軍第一技術廠内で戦後米軍によって撮影された桜花一一型。

大田正一、マル大の仕掛け人？

昭和十九年初夏のこと、岩国航空隊付の輸送機隊にいた土屋誠一少尉は、要務で乗車した列車の中で大田正一《おおたしよういち》少尉に偶然出会った。土屋は昭和五年志願、操練十七期の出身、大田は七志、偵練二十期の出身で、ともに昭和十二年、支那事変（日中戦争の当時呼称）冒頭の渡洋爆撃に木更津航空隊の一員として参加した古参兵だ。ペアになったことこそ無かったものの、大田は弁が立ち、兄貴肌で、若い兵隊からは随分慕われていたと土屋は記憶している。その大田が車内で土屋を見かけると飛んできて、「いまこういう体当り兵器を海軍の上層部に提案しているのだ」と人間爆弾の構想を得々と説明しだした。翼の付いたロケット弾に人間が乗って、敵艦に体当りするのだという。土屋は搭乗員を弾丸代りに使うなんてとんでもないと思い、「じゃあ、まず最初にお前が行かなくちゃいかんな」と言うと、大田は黙り込んだ。

ところがそれから一年近く経った二十年五月、土屋は人間爆弾が出撃したという新聞記事を見て驚いた。なんと記事の中に大田が開発者として取り上げられているではないか。あの話ははったりではなかったのだった。

大田少尉が横須賀にある海軍航空技術廠（空技廠）の三木忠直技術少佐のもとを、グライダー爆弾の草案を持って訪れたのは、車中で土屋に人間爆弾の構想を語った少し後、十九年七月ころのこととされる。廠長の和田操中将に呼び出された少佐は、上司にあたる山名正夫技術中佐とともに大田の話を聞いた。

それによると人間が特呂号ロケットを装備した滑空機で、敵艦に体当りするという。酸化剤と燃料を混合させて推力を出す呂号ロケットは、陸軍が中心となって開発が進められていた。その話の具体性に三木少佐は息をのんだ。

大田正一少尉は偵察練習生出身、渡洋爆撃にも参加した古参兵だった。

しかし少佐は人命を用いた必死兵器を作ることは、技術に対する冒涜だとして反対した。土屋と同じように、人間を弾丸代りにすることは罷《まか》りならんと考えたのだ。ところがこのプランは三木を飛び越え、空技廠の廠長、和田操中将から航空本部に上程され、さらに軍令部で検討されることになった。

実は大田はこの草案を空技廠に持ち込む前に、

三菱重工や東京大学航空学科などを訪れ、推進器やグライダーの運搬方法などについて具体的な提案を受けていたとされる。

このプランは十九年八月五日に開催された「最高戦争指導者会議」の席上議題に上げられ、軍令部の及川古志郎大将の裁可を得て、航空本部を通じて空技廠に八月十六日の日付で研究試作が命じられた。改めて三木少佐に設計主務として試作が委ねられたのだった。

そして大田の頭文字を採って、マル大と呼称されたこの必殺特殊兵器の試作開始とほぼ同時に、八月の中旬から台湾、朝鮮を含む日本全国の実用機教程を行う練習航空隊の教官、教員に対し、「必死の空中兵器」に対する志願が採られた。まだ試作も始まっていないのに、「必死」隊員を募集するという、このタイミングの良さは驚きを通り越して、ある疑念を感じさせる。本当にマル大は大田少尉の発案だったのか。実は別に後ろで糸を引いている者がいるのではないか。

自らも空技廠の技術士官であった内藤初穂《ないとうはつほ》は、戦後「桜花」の開発過程を丹念に調べ、『極限の特攻機　桜花』という著作を著した。その中で内藤は大田少尉の背後で「桜花」開発の道筋を付けたのは、軍令部航空参謀だった源田實中佐ではなかったかと述べている。軍令部の後押しがなければ、一介の特務少尉が三菱重工や東大に入り込み、特殊兵器開発の話などしても、まともに取り合ってもらえるわけがないというのである。

マル大という自爆兵器は上からの命令として作られたのではなく、あくまでも下士官兵の自発的なプランとして開発されたように装う必要があったということだろうか。三木少佐も「下士官兵の赤誠の思いに応えるために開発しなければならない」と覚悟したという。ともかく桜花の開発について大田正一にすべてその責任を負わせるのは、誤りがありそうだ。

部隊の編成

隊員の募集とほぼ同時に、部隊の幹部の陣容も固められた。マル大部隊の準備委員長に選ばれたのは戦闘機部隊三四一空の司令・岡村基春大佐であった。大佐は九月十五日付で横須賀航空隊付となり、準備委員長を命じられた。マリアナ沖海戦の前後から、戦局の挽回には航空機による体当り攻撃しかないと主張していた大佐は、所属する第二航空艦隊の福留繁中将に意見具申した経歴を持ち、マル大を運用する部隊の初代司令としてはうってつけと思われた。

同時に飛行長として同じ三四一空から岩城《いわき》邦廣《くにひろ》中佐が転勤となった。さらに飛行隊

昭和19年12月1日、豊田副武連合艦隊司令長官が神ノ池基地を訪れ、桜花隊員を激励した。

長として野中五郎少佐が選ばれた。少佐は桜花を運ぶ一式陸攻部隊の飛行隊長だったが、その独特の部隊指揮ぶりから海軍部内ではよく知られた人物で、出撃に際して陣太鼓を叩き、伝法な物言いで部下を統率する姿に、野中一家と呼ばれていた。

そして十月一日、茨木県百里ヶ原基地において第七二一航空隊が開隊する運びとなった。七二一空は同時に岡村司令の発案により、疾風迅雷の音を採って、「神雷部隊」と名づけられた。部隊は十一月に同じ茨城県の神ノ池基地に移動するが、その時から隊門の左右には「神雷部隊」と「七二一航空隊」の二枚の看板が掲げられた。

かくて「桜花」誕生す

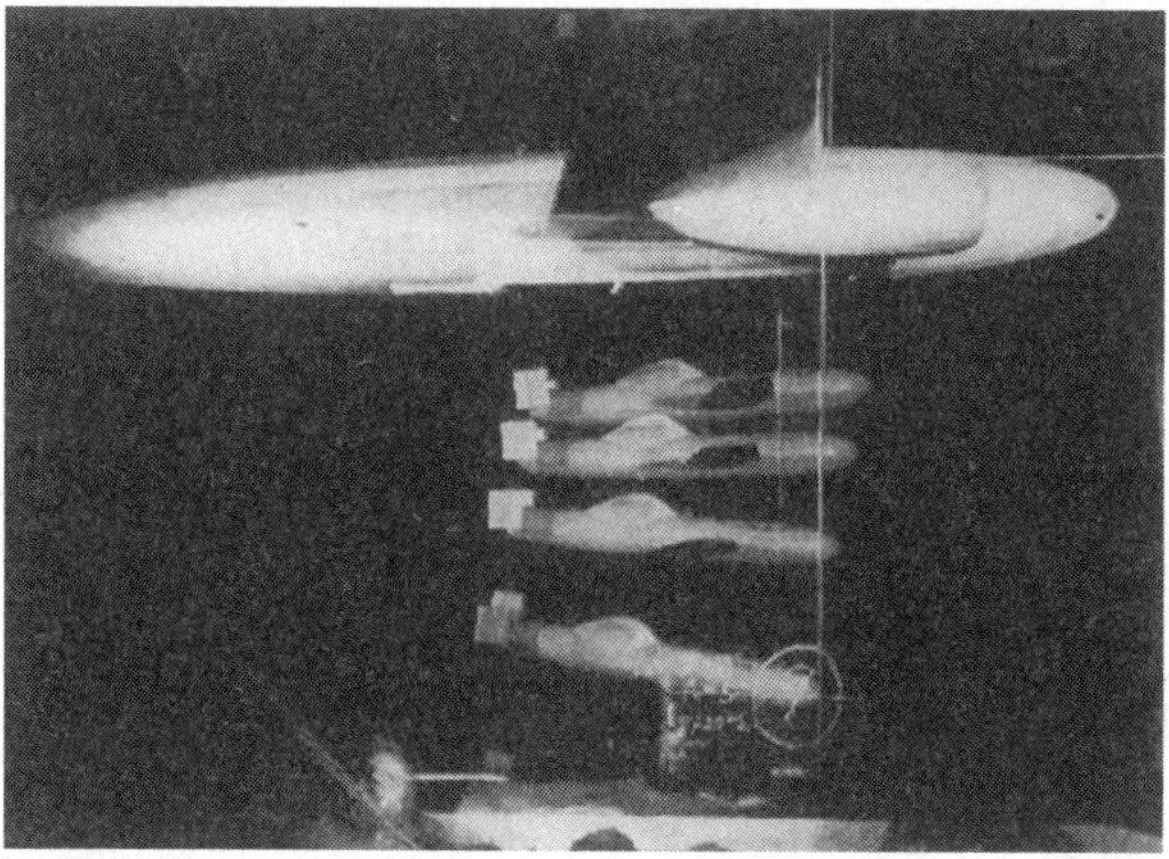

桜花の落下状況を風洞実験で調べる。桜花が母機と干渉せずに投下できるかは重要な問題だった。

マル大は七二一空が開隊する直前、海軍航空機の命名基準によって、「桜花」と名付けられた。桜花は推進器を除いては順調に試作が進んだ。当初大田の考えていた特呂号ロケットは、この時点では実用化の目処がついておらず、結局固定燃料を用いた四式噴進器しか装備できないことになった。結果、桜花には自走能力がなく、噴進器を点火することである程度の加速や航続距離の延伸が可能となるものの、それは微々たるもので、基本はグライダーでしかなかった。

部隊が開隊した後も、無人機による実験が行なわれていたが、ついに十月三十一日、百里ヶ原基地で有人による投下実験が敢行された。実験機には乙飛四期出身の古参搭乗員、長野一博飛曹長が乗る。高度三五〇〇メートルで母機一式陸攻から切り離された桜花は、途中バラスト用に積まれていた水を放出しつつ、飛行場上空を二回旋回した後、見事着地、軽くジャンプして滑走路の端で停止した。実験は成功だった。

この様子を全隊員、軍令部、航空本部、空技廠の担当者は固唾をのんで見守っていたが、長野飛曹長が風防を開けて降りてきた途端、大きな拍手が湧きあがったという。固形燃料による四式一号噴進器を積んでの点火実験こそまだだったものの、桜花は兵器として実用に耐えうると判断され、具体的な運用法、戦術が詰められていくことになる。

完成した桜花は全幅五・〇〇メートル、全長六・〇七メートル、全高一・一六メートル、爆弾一・二トン、全備重量二・一四トンというものだった。頭部に据え付けられた一・二トンの爆弾は、一発で戦艦または空母を撃沈できるとされた。航続距離は高度四〇〇〇メートルで投下されたとして約三〇キロ程度、噴進器を使っての突入速度は時速七〇〇キロ／時を超えると推定された。

軍令部は桜花をフィリピンの攻防戦で使用する腹を決め、空技廠に対し十一月末までに一五〇機を生産するように命じた。

十月一日にはまだ疎らだった隊員も十一月に入ると揃い始め、桜花隊五〇人、母機陸攻の搭乗員（定数四八機）が集まると、手狭になった百里ヶ原から神ノ池への移動が行なわれた。

桜花隊員は最初零戦に乗り、空中でエンジンを停止させ滑空を体験することで空中感覚を養い、その後はK－1と呼ばれた滑空機で実際に母機から切り離され、滑空後着陸する訓練を行なう。K－1には胴体の下に橇が付いており、これで着陸するので

桜花の練習機K－1。実機には無い、着陸用の橇が機首から胴体下にかけて延びている。写真は戦後米軍によって撮影されたもの。

母機から切り離された桜花練習機を横尾良男少尉（14期予学）が撮影した。実際の桜花投下もこのような光景だったのだろう。

神ノ池を訪れた永野修身軍令部総長と写真に収まる神雷部隊の士官以上。桜花隊、陸攻隊、戦闘機隊の分隊士以上が顔を揃える。

ある。この訓練は十一月十三日から始まった。最初こそ殉職者が出たものの、訓練は順調に進んだ。

連合艦隊の直属部隊に

投下訓練が始まった直後の十一月十五日付で、七二一空は連合艦隊の直属部隊となり、陸攻部隊は攻撃七一一飛行隊、護衛の零戦隊は戦闘三〇六飛行隊として再編成された。これに桜花隊、さらに最初は艦爆部隊も加わり、部隊は二〇〇〇名を超える大所帯となった。ひとつの航空隊に四機種の機材が混在するという複雑な部隊は初めてであった。

十一月二十五日、桜花隊も岡村司

令の発案で分隊編成を導入することになり、第一分隊を投下訓練で殉死した刈谷勉大尉に代わって着任した平野晃《ひらのあきら》大尉（兵六十九期）が率い、以下第二分隊を三橋謙太郎中尉（兵七十一期）、第三分隊を湯野川守正《ゆのかわもりまさ》中尉（兵七十一期）、第四分隊を林冨士夫中尉（兵七十一期）が指揮することになった。各隊は一二、三名で構成されており、この時点で五三名の隊員がいた。

二分隊、三分隊はK－1による訓練の進行具合も早いと目されていた。十二月一日、三橋中尉と湯野川中尉は司令公室に呼び出された。その場には岡村司令とともに、連合艦隊司令長官・豊田副武大将もおり、大尉昇格を告げられると同時に、十二月二十二日高雄に進出、フィリピン・レイテ湾の敵艦隊に突入することを命じられた。湯野川大尉は望むところだと覚悟を決めた。

十二月六日、桜花の整備分隊は、整備班を先行してフィリピンのクラーク地区に送り出した。クラーク近郊に桜花を運用する基地を設定するためである。しかしこの計画は頓挫する。クラーク向けの桜花三〇機を積んだ空母雲龍が十二月一九日、宮古島沖で米潜水艦によって撃沈されてしまったからである。

その後も軍令部は一月に入ってからフィリピンで桜花を使うことを画策していたが、急激な敗勢の進展に、断念せざるを得なくなった。

南九州への進出

年が改まった昭和二十年一月二十日、神雷部隊に南九州への進出が命じられた。進出することになったのは桜花分隊の二、三、四の三個分隊に、桜花の母機である攻撃七一一飛行隊、それと掩護戦闘機の戦闘三〇六飛行隊であった。これらの部隊は二十五日までに出水、鹿屋、宮崎、都城の各基地に分散して配置された。また前年末に七二一空に配属となった陸攻部隊、攻撃七〇八飛行隊も宮崎で合流した。

桜花隊の人員は三橋大尉率いる二分隊が五一名、湯野川大尉率いる三分隊が五三名、林大尉率いる四分隊が五四名の合計一五八名だった。

九州に進出した部隊は、陸攻の編隊合同訓練、戦闘機隊との合同訓練を行ったが、桜花隊は飛行作業は行わず、艦形識別訓練や目標選定訓練などを行って時間を潰した。

この時期、軍令部が考えていた桜花の使用方法は、陸攻の編隊による接敵、桜花の一斉投下による敵機動部隊殲滅と考えられていた。そのために掩護戦闘機を十分に付け、一時的に制空権を確保、陸攻の進撃路を啓開するという計画だった。掩護戦闘機の数は陸攻一機に対し、直接掩護二機、間接掩護機二機の計四機がつくものとされ、出撃陸攻の四倍の戦闘機が必要とされた。つまり陸攻が二個分隊十八機出撃するのであれば、戦闘機は直接掩護三六機、間接掩護三六機、計七二機が必要になる。当初の考えでは、それだけの戦闘機を揃える筈であった。

二月上旬、七二一空の帳簿上の装備数は、陸攻が攻撃七一一と七〇八合わせて七二機、戦闘機が戦闘三〇六に新たに編入された三〇五、三〇七の三個飛行隊で一〇八機、桜花一六二機というものだった。この時期、一航空隊でこれだけ充実した戦力を持った部隊はなく、いかに七二一空が期待され、優先順位の高い部隊であったかがわかる。

桜花、幻の第一回出撃

沖縄を含む南西諸島方面への米軍侵攻が確実視された二月十日、海軍は第五航空艦隊を編成、宇垣纒中将が司令長官に親補された。神雷部隊は五航艦の指揮下に入り、沖縄戦の中核として闘うことが期待された。神雷部隊は新たな部隊展開を命じられる。それによると神雷部隊の本部、桜花隊二分隊、四分隊、野中隊は鹿屋基地に展開、宮崎にいた足立少佐率いる攻撃七〇八と桜花第三分隊は大分県宇佐基地に転進することになった。戦闘機部隊は宮崎県富高基地に展開する。この案に沿って、梱包された桜花は横須賀から鹿屋、宇佐へと鉄路運ばれることになった。

偵察情報で米機動部隊が三月十四日にウルシーを抜錨、沖縄戦方面に向かったことが確認された。この敵に対し連合艦隊ではどのように対処すべきか、判断しかねていた。すなわち、敵が上陸部隊を伴っているのであれば、断固全力攻撃に撃って出るが、そうでなければ来るべき上陸作戦邀撃のため、戦力を温存するべきだという考えである。結局、海軍中央は最終的な判断を五航艦に委ねることにした。

五航艦は敵が上陸部隊を伴っていた場合、鹿屋の三橋隊（二分隊）と宇佐の湯野川隊（三分隊）を出撃させるとして、準備を命じた。一方、野中隊の一式陸攻は空襲による被害を防ぐため、いったん長崎県の大村基地に下がった。十七日夜半、索敵機が都井岬沖を北上する敵機動部隊を発見した。これに対し五航艦は全力で攻撃を命じ、午前三時半、銀河、天山などの攻撃部隊が発進した。

未明から敵艦載機が九州の各航空基地を空襲し始め、その数は一四〇〇機に及んだ。これに対し一〇〇機余りの零戦が邀撃に上がったが、芳しい戦果を挙げられず、徒に損害を増やした。この中には富高の戦闘三〇六、三〇七、三〇五など、桜花の掩護戦闘機も含まれていた。

正午過ぎ、五航艦本部は神雷部隊に出撃を命じた。鹿屋の三橋隊、宇佐の湯野川隊各九機に出撃せよというのである。ところがこの時点で三橋隊を搭載する予定の野中隊は未だ大村にあり、替わって宇佐から湯野川隊一八機の出撃が求められた。

宇佐には足立次郎少佐（兵六十期）の率いる攻撃七〇八の陸攻と、湯野川大尉指揮する桜花隊が出撃準備を急いでいた。一八機の陸攻がエンジンを始動させ、桜花を懸吊する作業が始まる直前だった。湯野川大尉らは水盃の準備がある格納庫裏に集まった。その直後、午後三時ごろ逆ガルの特徴あるコルセア数機が、翼下のロケット弾を発射しつつ、飛行場上空に突っ込んできた。ロケット弾と機銃掃射により、たちまち陸攻数機が火を噴いた。飛行場は修羅場と化し、敵の空襲は二波、三波と午後四時過ぎまで続いた。陸攻はほぼ全損、幸いなことに桜花が誘爆することは免れた。湯野川隊の出撃は幻に終わった。

「湊川」の戦い

米軍の空襲は十九日、二十日も続いたが、五航艦は神雷部隊以外の通常部隊による連日の猛攻で、空母、巡洋艦数隻を撃沈、敵機動部隊に対し相当の被害を与えたと判断した。二十日には敵の空襲が弱まり、機動部隊が南下しつつあるという偵察機からの報告に、「司令部では「敵は敗走を開始した」と都合よく解釈、敵を追撃せよと命じた。二十日午後八時過ぎ、桜花隊に攻撃準備が令せられ、翌日鹿屋から野中隊が三橋分隊の桜花を積んで出撃することが決まった。

翌二十一日午前八時過ぎ、偵察機から都井岬沖を南下する二群の敵機動部隊に関する情報が伝えられた。上空に敵戦闘機はおらず、損傷艦を含む部隊のようであるという。この情報に五航艦司令部は鹿屋の神雷部隊に出撃を命じた。しかし用意できる掩護戦闘機の数は、二日間に及んだ邀撃戦により、三つの戦闘機隊をあわせても三十機ほど、応援の二〇三空と合計しても当初の予定、出撃陸攻十八機に対し四倍の七二機に遠く及ばないという。

この現実に岡村司令は出撃を渋ったものの、「いまの状況で使えなければ、桜花を使う機会はない」という宇垣長官の言葉に出撃を決意したという。そのやりとりを見ていた野中少佐は、司令部壕を出てから岩城飛行長に「湊川だよ」と呟くように言ったという。楠木正成が必敗を知りつつ、大命に殉じ、戦場に向かった古事に倣っての言葉であった。

第一次攻撃、無念の失敗

野中隊は三個分隊二七機を有していたが、このうち各小隊の三番機を外し、計一八機の機材で出撃することとした。各分隊長機は桜花を積まず、身軽にして誘導と戦果確認に当たらせる。つまり一八機の陸攻に対し、桜花一五機が搭載されていくことに

20年3月21日、鹿屋を出撃する第一次神風桜花特別攻撃隊。野中五郎少佐が指揮する。その光景を榎本哲大尉が撮影した。

なった。

掩護戦闘機は七二一空の三個戦闘機隊で用意できたのは三二機。これらの機が陸攻の直接掩護に当たり、二〇三空の二三機が間接掩護に当たる予定だった。搭乗員集合が令せられたのは午前十一時、宇垣長官、岡村司令の訓示に続き、攻撃隊指揮官の野中少佐がやや緊張した面持ちで「戦わんかな、最後の血一滴まで。太平洋を血の海たらしめよ」と締め括ったという。

攻撃部隊は第一神風桜花特別攻撃隊神雷部隊桜花隊という名前が付けられた。

発進は午前十一時二十分。野中少佐が座上する指揮官機は桜花を積んでいない。

この出撃の様子を見ていた一人の整備士官がいた。同じく鹿屋基地に展開していた偵察

神雷部隊戦闘機隊は一式陸攻が離陸後、同じく鹿屋基地から離陸した。

十一飛行隊の榎本哲大尉である。榎本大尉は早朝から彩雲の整備を行っていたが、指揮所付近で搭乗員が集合する様子を見て、慌てて愛用のローライフレックスを持って、滑走路の方に走って行った。偵察部隊の整備士官である大尉は、どの部隊がどのような作戦を行うかということをほぼ知っていた。三月十一日に行われた梓特別攻撃隊の出撃の様子も大尉はカメラに収めている。桜花のことは必殺兵器で出撃すれば敵艦隊はイチコロだ、と知らされていた。「よもや失敗するなんて思っていませんでした。敵は指呼の距離にいるのだし、成功は間違いないと思っていました」。いかに桜花が期待されていたかがわかる。

野中の乗った陸攻が離陸し、上空で旋回しながら、攻撃部隊が編隊を組み終わるのを待つ。そして部隊は西の鹿児島湾方向に進撃していった。陸攻に続き、直衛の零戦が離陸する。二〇三空の零戦は笠之原基地から離陸、攻撃部隊と合同することになっていた。

ところが攻撃部隊が発進して三〇分と立たない正午前に、ばらばらと零戦が帰ってきた。新しく付けた増加タンクからうまく燃料が吸入できないという。零戦隊の指揮官・神崎国雄大尉機も帰投してきた。随伴する零戦はわずか一九機、二〇三空の零戦も一一機に減っていた。

榎本大尉は偵察十一飛行隊の通信室で、攻撃部隊からの無線が入ってくるのを待っていた。ところが午後二時になっても何の連絡もない。司令部には何か情報が入っているかと司令部の入っている横穴壕まで行ったが、やはり何も入電していないという。とっくに会敵時間は過ぎているはずだ。

太陽が西に傾き始めた午後四時過ぎ、一機の零戦が戻ってきて、攻撃部隊は目標手前で敵艦載機に摑まり、全滅したと報告した。司令部には重い空気が立ち込め

3月21日の野中隊を全滅させたグラマンF6Fヘルキャット。

グラマンのガンカメラに捉えられた撃墜される一式陸攻。胴体下に桜花が見える。

た。

米軍のアクションレポートによれば、午後一時四十分過ぎ、野中隊はレーダーに捉えられ、空母ホーネット、空母ベロー・ウッドから四八機のグラマンF6Fヘルキャットが邀撃のため発進した。邀撃隊は高度四〇〇〇メートルで飛行するベティ（一式陸攻の米軍コードネーム）を発見した。編隊の上下にはジーク（零戦の米軍コードネーム）がいたが、すぐにバラバラになり、ベティは丸裸になった。一式陸攻は高度を二〇〇〇メートルくらいまで下げ、攻撃を回避しようとしたが、無駄だった。一式陸攻全機が撃墜されるのに二〇分とかからなかったという。ある米軍パイロットは、攻撃を受けるベティの胴体下からギズモ（小さな物体）が放たれたのを報告している。これが米軍が桜花を見た最初であった。野中隊が全滅したのは午後三時少し前のことだった。

この攻撃で戦死したのは三橋大尉以下桜花隊一五名、陸攻隊は野中少佐を含む一三五名、掩護戦闘機隊が一〇名の計一六〇名。それぞれ二階級特進し、野中少佐は大佐に任じられた。

桜花戦術の変更と建武隊の編成

三月十八日から二十一日の一連の戦いは、九州沖航空戦と名付けられた。九州沖航空戦の終わった三月二十二日、鹿屋の五航艦本部では軍令部も参加して戦訓研究会が行なわれた。その席上、桜花を編隊で出撃させることは最早不可能と断じられた。母機の一式陸攻が桜花とともに全滅させられ、また掩護戦闘機を揃えることもままならない。そのような状況の中で、制空権を確保しつつ、敵機動部隊に対し正面突破を図るという戦術は現実的ではないというのだ。結果、桜花の出撃は単機を基本とした黎明または薄暮のゲリラ戦にするという方針が決められた。桜花運用の当初の基本戦術が覆されたのである。

一方、桜花搭乗員を桜花で突っ込ませるのではなく、零戦に五〇〇キロ爆弾を抱かせて体当りさせるというプランが岡村司令から出された。桜花搭乗員はいるが、母機となる陸攻が足りないという状況で、彼らを零戦で体当たりさせようというのだ。一部の隊員からの反対はあったものの、この戦術は採用され、この特攻隊は建武の中興から採って「建武隊《けんむ》」と呼ばれた。

桜花に二回目の出撃が命令が下ったのは、米軍の沖縄上陸が目前に迫った四月一日の未明であった。この日、六機の桜花出撃が命じられた。桜花を搭載した攻撃七〇八の陸攻が霧の立ち込める中、鹿屋を離陸したのは午前二時過ぎだった。指揮官機の主操縦員を務める門田《かどた》千年《ちとせ》上飛曹は、桜花を搭載した陸攻の重さに戸惑った。滑走路脇のカンテラを凝視しつつ離陸を開始し、吸入圧力計の針がレッドゾーンを指しているが、機体はなかなか持ち上がらない。カウリングカバーが真っ赤になって、今にも溶けるのではと思えた刹那、滑走路のエンド近くでようやく陸攻は地面を蹴って闇夜に飛び立った。

ところが指揮官機は濃霧の中で機位を失し、間もなく伊座敷沖の海に不時着水してしまう。残りの機も二機が敵を見ずに帰還、二機は連絡なく未帰還、一機が敵夜戦の追従を受け、山に激突するという具合で、攻撃は全くの不首尾に終わった。

翌二日、矢野欣之中尉の率いる第一建武隊四機が出撃、神雷部隊は桜花攻撃と並行して零戦の爆装による攻撃を開始することになる。

桜花、初の戦果確認

桜花が初めて戦果をあげたのは、四月十二日菊水二号作戦に呼応して行なわれた第三次桜花攻撃の時だった。この日は九機の陸攻が正午過ぎから桜花を抱いて出撃した。

土肥中尉を運んだ三浦北太郎少尉機のペア。

土肥《どひ》三郎《さぶろう》中尉が桜花搭乗員として乗り込んだ第三小隊一番機の三浦北太郎少尉機は、午後二時四十五分、沖縄本島西方五〇カイリの地点で七隻からなる敵の単縦陣を発見、高度六〇〇〇メートルから桜花を放った。電信員だった菅野《かんの》善次郎《ぜんじろう》二飛曹は介添役として、土肥中尉が桜花に乗り移るのを手伝い、桜花離脱の爆管を操作した。爆弾倉の点検孔から桜花の様子を凝視していた二飛曹は、土肥中尉と一瞬目があったような気がしたが、次の瞬間、桜花は切り離され、中尉の姿は消えていた。

　午後三時十五分大きな黒煙が上がり、母機は「戦艦轟沈一隻確認」を基地宛、打電、被弾数十発を受けながら五時四十五分、鹿屋に帰投した。

これは桜花の戦果が確認された最初となった。

実際に撃沈されたのは米軍の発表によれば駆逐艦マンナート・L・エーブルとされる。この日は他にも三機の桜花が米軍によって確認されているが、いずれも被害を受けたのは駆逐艦二隻で、いずれの損害も軽微だった。

桜花作戦で初めて戦果が確認された土肥三郎中尉。

第四次攻撃と第二陣の九州進出

四月十四日には海兵七十一期の澤柳彦士大尉の率いる攻撃七〇八の陸攻七機が桜花を積んで午前十一時半、鹿屋を離陸した。この日は三四三空の紫電改が掩護につくということで、白昼の出撃、第六建武隊や、第一昭和隊、第二筑波隊などの爆戦も同行した。

ところが途中で紫電改部隊は味方の零戦隊を敵と誤認して増加タンクを投下してし

まったため、攻撃部隊に随伴できず引き返してしまった。桜花隊の七機は一式陸攻ともども、全機未帰還となった。

爆戦による特攻攻撃を開始してから、第一陣で進出した搭乗員は急速に損耗し、ほぼ進出時の半分となっていた。その欠員を補うため、同じ日の午後、神ノ池から新庄浩中尉（兵七十二期）以下四三名が鹿屋に着任した。中尉は到着するや否や、「即時待機」を命じられ驚いた。必要であれば、すぐに出撃せよということである。大変なところに来た、ここは戦場だと中尉は思った。

第三航空艦隊所属の一式陸攻に乗って、第二陣が神ノ池から鹿屋に向かう。

うち続く出撃とさみしい戦果

四月十六日には菊水三号作戦に呼応して第五次となる桜花隊六機が出撃した。うち予備学生出身の沢井正夫中尉が機長を務める一番機は、沖縄近海で敵艦船に対して宮下良平中尉の乗る桜花を投

鈴鹿空の教員から神雷部隊に転勤となった鎌田飛曹長は、桜花を積んで出撃した。

下、黒煙が噴き上がるのを見て帰投したが、艦種を確認することはできなかった。

　また鎌田直躬飛曹長機は敵艦を発見、桜花を投下しようとしたが、投下装置の不良により、山際直彦一飛曹が乗った桜花の投下を断念、基地に桜花を抱いたまま帰還した。他の四機は連絡なく未帰還となった。

　以降、桜花隊は新たな菊水作戦が発動される度に出撃することが繰り返された。四月二十八日には菊水四号作戦が発動、第六次桜花攻撃四機が出撃、全回投下装置の不良で帰還した山際直彦一飛曹は、大型巡洋艦に見事体当りしたと判断された（米軍の被害報告はない）。残りの二機は桜花を投下する機会を得ず、帰投、一機が連絡なく未帰還となった。

　五月四日、菊水五号作戦発令。第七次桜花攻撃七機が出撃。午前六時前に鹿屋を離陸した菊池弘少尉機は、八時五十五分に大橋進中尉の乗る桜花を投下、敵戦艦に命中、撃沈と報じた後、敵戦闘機に追従され未帰還となった。この艦艇は実際は機雷敷設艦シェイで、沈没は免れたが、上部構造をほとんど吹き飛ばされ、一一八名が戦死した。他にもう一機の桜花が掃海艇の近くで爆発している。この日、陸攻は二機が帰投したものの、五機が未帰還となった。

五月十一日。六号作戦に伴い、第八次桜花攻撃四機が出撃。発動機不調で帰還した一機を除き、三機が未帰還となったが、そのうちの一機が放った桜花が駆逐艦ヒュー・W・ハッドレーの至近距離で爆発、損害を与えたとされている。

五月二十五日、七号作戦発令。十二機の桜花攻撃隊が第九次として出撃したが、天候不良のため、九機が攻撃を断念して帰投、三機が連絡なく未帰還となった。

ベールを脱ぐ桜花、新型機の開発

第九次攻撃が失敗に終わった直後の二十八日、海軍省は海軍記念日を期して人間爆弾桜花の存在を全軍に布告、翌二十九日には新聞が一斉に報道した。桜花は「翼下から飛び出す　神雷　皇軍独特の新兵器」「ロケット弾に乗って敵艦船群に体当り」と見出しが躍り、第一次から第四次までの戦死者の名前も発表された。記事中には桜花を開発した人物として大田正一も紹介されていた。戦果そのものは芳しくないものの、せめて国民精神の高揚に寄与させたいという、海軍省の意図が透けて見えるような発表だった。

一方で軍令部では桜花一一型に替わる新しい桜花の開発を進めていた。カンピーニ型ジェットを搭載した桜花二二型である。初風ロケットと呼ばれたこの発動機を使えば、従来の一一型の三倍以上の距離を自走できると推定された。この桜花であれば、母機は敵艦の直近まで行かずに済む。岡村司令以下はこの桜花に新しい希望を託した。二二型の母機は従来の一式陸攻に替わって陸上爆撃機「銀河」が予定された。

桜花、最後の攻撃

六月二十二日、菊水十号作戦が発動され、桜花隊にも出撃命令が下った。六機の桜花を搭載した陸攻が準備された。この中には第二次で出撃、不時着水した門田上飛曹の姿もあった。攻撃部隊は午前五時過ぎに離陸を開始し、それぞれ単独で沖縄に向かった。ところが門田上飛曹の乗った二小隊二番機は発動機不調のため、攻撃を断念して帰投。もう一機が天候不良を理由に帰ってきたものの、残りの四機は未帰還となった。最後の攻撃でも桜花は戦果をあげることはできなかった。

最後の桜花出撃が行なわれてから間もない二十六日、神ノ池では桜花二二型の投下実験が、一一型のテストも行なった長野少尉（進級）によって行なわれた。その様子を地上から新庄中尉も見守っていた。ところが上空四〇〇〇メートルで切り離された後、三〇〇〇メートルでロケットを点火する筈の桜花は、切り離し直前、銀河の胴体

桜花作戦の最後となった第十次攻撃隊根本次男中尉機のペア。写真には桜花に乗る予定の藤崎俊英中尉は写っていない。

パルスジェットを搭載し、自走が可能な桜花二二型は終戦の日まで実験が行なわれたが、ついに完成することはなかった。

に擦れるようにして離脱、横転蛇行しながら地面に突き刺さって破裂した。長野少尉は墜落直前、落下傘で降下したものの、絶命した。この光景を見ていた航空本部、技術廠、部隊の関係者は重苦しい雰囲気に包まれた。

桜花、その結末

結局、十次にわたる桜花攻撃で、桜花五八機、陸攻五五機、戦闘機一〇機が未帰還となり、四三〇名が戦死した。桜花から代わって爆戦で出撃した搭乗員を加えると戦死者の合計は七一五名となる（神雷部隊戦友会の統計に拠る）。

これに対して桜花の戦果は駆逐艦一隻撃沈、五隻に損害を与えたにとどまる。一発で空母または戦艦を撃沈するとされた桜花は、機動部隊外周のピケットラインを構成する駆逐艦を突破して、本丸の空母に近づくことすらできなかったのである。戦艦と思って突入した駆逐艦は装甲が薄いため、桜花は突き破って反対に突き抜けてしまうことがほとんどだった。

しかし無残な戦果に終わっていながら、海軍は桜花の構想を放棄するわけにいかなかった。新たに陸上のカタパルトから射出する四三型の開発も進めており、いざ本土決戦になったら、まとまった数の残されている一一型もまだ使用するつもりでいた。

桜花隊員は陸攻隊員とともに石川県の小松基地に後退、本土決戦に備えたまま、八月十五日の玉音放送を聞くことになる。

玉音放送から三日経った八月十八日、神ノ池基地にいた大田正一中尉（進級）は、自ら零式練習戦闘機を操縦、鹿島灘沖へと飛び去った。残された巻紙には自殺を仄めかす文章が書かれていた。

その大田が名前を変えて、かつての戦友のもとを訪れ、金を無心しているという噂が元隊員たちの間に流れたのは、終戦後数年経ってからのことだった。

使い難き槍

陸攻隊、神雷部隊戦記

1944.7－1945.8

昭和20年4月12日、第三次桜花攻撃に出撃する直前の一式陸攻。攻撃七〇八の機材と推定される。

海軍陸攻隊、最後の戦い

昭和十九年十二月二十四日、茨城県神ノ池基地には宝塚歌劇団出身の轟夕起子一行が来隊、慰問演芸会が催されていた。従兵に勧められるまま、前の方の席に陣取った八木田喜良《やぎたきよし》大尉（兵六十八期）は舞台を見てはいたものの、心は上の空。大尉の心は今し方、野中五郎少佐（兵六十一期）の私室で聞いた衝撃的な言葉に囚われていた。

八木田喜良大尉（左）と湯野川守正大尉。予定では二人は3月18日、宇佐から桜花攻撃を実施する予定だった。

少佐曰く、「俺はたとえ国賊とののしられても、今度の桜花作戦は司令部に断念させたい。自分は必死攻撃をおそれるわけではないが、攻撃機として敵まで到達することができないことが明瞭な戦法を、肯定することはいやだ。クソの役にも立たない自殺行為に、多数の部下を道づれにすることは耐えられねえ」。桜花を使用する神雷部隊七二一航空隊の飛行隊長にして陸攻隊の指揮官の口から発せられた激烈な言葉に、大尉は愕然とした。

八木田大尉が分隊長を務める攻撃七〇八飛行隊はわずか五日前、七二一空の指揮下に入り、神雷作戦への参加を命じられた。大尉は部隊が展開していた宮崎基地から、野中少佐に挨拶しがてら桜花の実物を見てやろうと、神ノ池に飛来し、その強い神雷作戦否定論を聞かされたのであった。

一式陸攻に代わる親機なし！

桜花は戦勢を挽回するために十九年の夏に空技廠によって開発が始められた全長六メートル、全幅五メートル程の体当たり用グライダーだ。頭部には一・二トンの徹甲弾を備え、敵機の追撃をかわすために増速用の固形燃料ロケット三本を尾部に装備してはいるものの、自走能力はほとんどない。親機一式陸攻に懸吊、目標の近くまで運ばれ、搭乗員は

野中五郎少佐。二・二六事件で自裁した野中四郎を兄に持つ少佐は、「べらんめえ隊長」としても知られた傑物だった。

投下直前に子機に乗り移り、敵艦に体当たりをする。この「必死」兵器の設計主務者に指名されたのは、陸上爆撃機・銀河を設計した空技廠飛行機部の三木忠直技術少佐であった。

ところが一式陸攻を親機とすることには多くの者が不安を感じていた。開戦当初のフィリピン攻略やマレー沖海戦で一世を風靡したこの「海軍新鋭攻撃機」は制式採用から四年近くが経過し、すでに時代遅れとなっていた。米軍からはその耐弾性の低さ、発火性の高さ故に「ワンショット・ライター」と渾名される始末。十九年には最新型のM2（エム・ツー）と呼ばれた二二型／二四型が実戦配備されていたが、これらの機体でも夜間の作戦行動が精一杯であった。

しかしどのような危惧があろうとも、海軍には親子飛行機を運用するにあたって、一式陸攻以外の機体がないことも事実であった。爆弾倉のない九六陸攻は論外、銀河では一・二トンの弾頭を積んだ桜花は大きさからいって搭載できない。消去法からいって、一式陸攻を親機とするしか選択肢はなかったのである。

三木忠直は筆者の取材に対し、親機を一式陸攻にすることは自分が桜花の設計を始める時にすでに決まっていた、と述べている。

空技廠は桜花搭載用の一式陸攻を既存の機体を第二空廠と第二十二空廠で改修させ

飛行する攻撃七一一の一式陸攻二四型丁。胴体下中央の黒い部分に桜花を積む。桜花搭載用に爆弾倉扉を外すと同時に、桜花懸吊装置を増設、防弾処置などで重量は増加した。

ると同時に、水島工場で新しく生産させることにした。新造機に関しては、桜花搭載のための懸吊器具の追加、爆弾倉の改修以外に、防弾鋼板の設置、一部燃料タンクの防弾化なども命じていた。

これらの改修・生産と平行しながら、桜花を搭載した場合、その性能がどう低下するかというデータ収集も行われた。空技廠は二四型の九十五号機に桜花のダミーを積み、滑走距離、速度、燃料消費量、上昇高度、航続距離などを調べている。二四型の魚雷を搭載した場合の全備重量は十五・五トンであるが、桜花を積むとさらに一トン余り重くなる。重量増は燃料を減らすことによって対応できるが、重心点の変化や、空力的な変化は性能に大きく影響を及ぼす。重心点の変化は概ね操縦性に影響を及ぼすほど大きなものではないとされたものの、航続時間は二時間余りの減、巡航速度も一〇ノット以上減速、実用上昇限度も二〇〇〇メートル近く下がる七二五〇メートルになると予想された。

この空技廠の実験データを神ノ池で見せられたとき、八木田大尉は改めて「目の前が暗くなった」という。

「必死」と「決死」の間には

魚雷の代わりに桜花を積んで出撃することに対しては、疑問を覚えたのは一般の隊員も同様。十九年五月に延長教育を終え、攻撃七〇八に配属になった十三期飛行予備学生出身の中村（旧姓山部）治郎は、「それまで一式陸攻は昼間の作戦は駄目ということで、夜間雷撃の訓練をしてきたのに、神雷作戦は昼間、戦闘機の掩護の下で大編隊を組んで攻撃するという。特に状況が変わったわけではないのに、ある日突然に昼間の大作戦の採用というのは一貫性が無さ過ぎると思った」と当時の戸惑いを告白する。

しかし山部中尉がそれ以上に戸惑ったのは、桜花隊員との付き合い方であった。桜

昭和20年2月1日、宮崎基地で撮影された攻撃七〇八飛行隊の搭乗員総員。

花隊員は必ず死ぬことを約束された存在。それに対し自分たちは危険度は高くとも、生還の可能性がある。「必死」と「決死」は言葉から受けるニュアンスは似ているが、その意味するものは全く異なる。必死の桜花隊員に陸攻隊員はどのように声を掛けることができるのだろう。その疑問に対する答えはなかなか浮かんでこなかった。

最後の総合訓練と葬式写真

山部中尉は二十年一月二十五日から三十一日にかけて、日向灘上空で攻撃七一一と攻撃七〇八が合同して行った総合訓練のことをよく覚えている。離陸してから編隊を組んでの進撃、掩護戦闘機との合流、接敵などが主に行われた。敵機に見立てた戦闘隊からの攻撃を回避しつつ、味方戦闘機と連絡を取り合い、敵上空に突っ込むという、実戦的な訓練はなかなか連係がうまくいかず、地上で指揮していた足立少佐は何度も舌打ちしていた。改めて桜花作戦の難しさが感じられた。

その合同訓練の翌日、宮崎基地の格納庫の前に一機の一式陸攻が引き出され、その前で攻撃七〇八の隊員たちの集合写真が撮影された。大隊毎、中隊毎、小隊別、ペア別と何回もシャッターが切られた。山部中尉はこれが葬式用の写真だと直感した。

桜花、夜間攻撃ハ可能ナリヤ?

二月十一日、八木田大尉ら攻撃七〇八の面々は宮崎基地から宇佐基地に移動した。宇佐にはすでに湯野川守正大尉の指揮する桜花隊第四中隊五〇余名がいた。

ある月明りの晩、八木田大尉は湯野川大尉を誘い、桜花による夜間攻撃は可能か、実験飛行を試みた。司令や副長は、「桜花攻撃に際しては日本中の戦闘機をかき集めて掩護を付ける。従って大編隊による昼間強襲攻撃は可能」と日頃言っていた。しかし航空本部の試算では、昼間強襲では出撃する桜花の四倍の掩護戦闘機が必要とされ、それだけの絶対数が簡単に確保できるとは思えない。そのための夜間攻撃の検討だった。

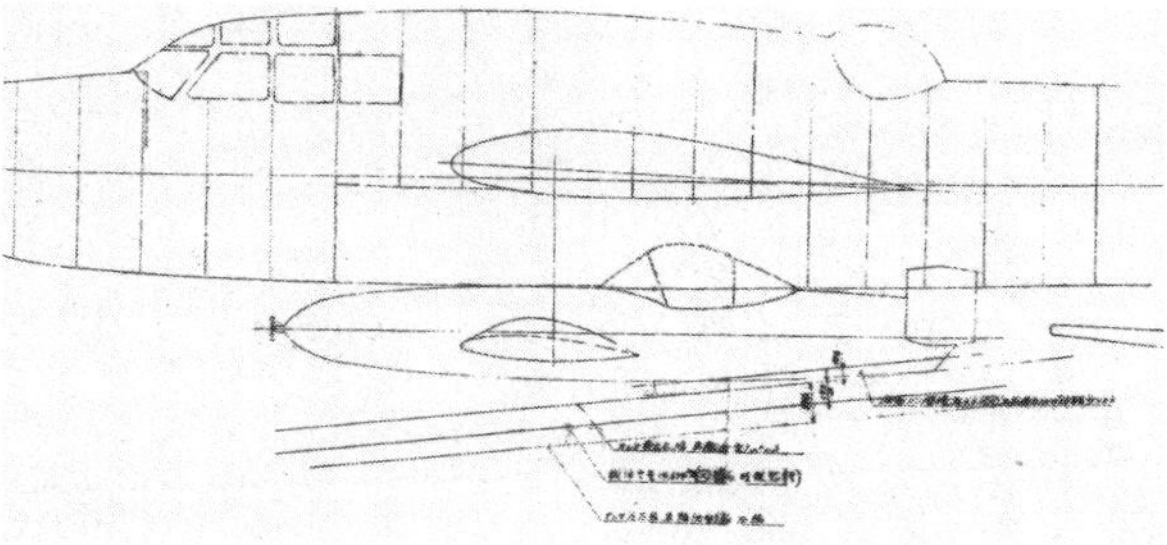

飛竜に桜花を懸吊するための可能性について、三菱が作成した図面。

鹿児島湾上空を高高度で飛びながら、海面上を航行する船を見つけ、何度か高度や侵入角度を変えて降下をくり返し、攻撃の可能性を探った。しかし結論は「否」であった。月もない夜間ともなれば、敵艦を視認するのは極めて困難、そんな状況で自走能力のない人間の操縦する桜花を投下することは無謀の一言に尽きた。

飛竜に桜花を?

ところが一式陸攻を親機として着々と準備を進めながら、一方で海軍当局はそれに代わる案を秘かに検討していた。

興味深い書類の写しが残されている。「キ六十七丸大装備に係わる件」という三菱重工第一製作所総務部長から第一海軍技術廠（二十年二月に空技廠より改組）飛行機部山名部員宛の文書だ。日付は二十年三月十五日。山名部員とは山名正夫技術中佐。三木少佐が班長を務める飛行機部設計第三班の主任であり、少佐の上官にあたる。

陸軍のキ六十七は昭和十九年に制式採用され、航続距離こそ一式陸攻に及ばないものの、最大速度は優に一〇〇ノット近く速い。同機を配備した九十八戦隊が海軍の指揮下に入って、台湾沖航空戦に参加した経緯もあり、海軍側がその高性能に着目していただろうことは容易に推定される。

山名中佐は二月二十五日に三菱を訪れ検討を依頼、いくつかのやり取りの後、三月十五日に三菱から出された回答は次のようなものだった。「搭載可能ノ結論ハ差支ナキモノト思料セラル」。ただし、桜花搭載にあたっては桜花の側にも、飛竜の側にもいくつかの改修が必要となる。

一式陸攻に比べ、爆弾倉が浅い飛竜は、オレオの伸縮具合によって懸吊した桜花の尾部が地面をこする可能性がある。そのため桜花の尾端を削ると同時に、飛竜の側も主車輪を大型タイヤにするとともに、爆弾倉後端部を切り欠かねばならない。さらに桜花搭乗員が空中で乗り移るために胴体四番タンクを除去し、床に孔を開ける必要があるが、この改修によって飛竜は三二〇〇リットルの燃料減となる。

短期間に三菱側はかなり詳細かつ具体的な回答を出している。事態の切迫度が伺える対応である。しかし飛竜の親機化はこれ以上進展することはなかった。三菱の回答からわずか六日後に出撃した第一次桜花攻撃隊が、一八機の陸攻隊もろとも全滅してしまったからではなかろうか。

　攻撃七一一飛行隊の一八機が搭載した一五機の桜花の出撃に際し、野中少佐は「湊川だ」と楠正成の古事に倣い、悲壮な決意を述べて出撃した。しかし五五機の掩護戦闘機（といっても、戦場まで随伴できたのは三〇機）に守られながら、一機として敵艦隊の上空に到達できた一式陸攻はなかったのである。野中少佐の悪い予感は的中した。

3月21日、鹿屋を出撃する桜花を抱いた攻撃七一一の一式陸攻。

　満開の桜の下、尺八の音色が……

　その日、鹿屋の桜は満開だった。日付が四月一日に変わる午前〇時に出撃搭乗員は起床とのことであったが、宿舎の指定もなく、寝る場所もない。陸

門田千年一飛曹は乙飛16期の出身。桜花を積んだ一式陸攻の重さに驚いた。

攻の主操縦員である門田千年一飛曹は桜の下にペアたちと車座になり、緒方正義中尉機の副操・西（戦後井出と改姓）広美飛長の吹く尺八の音色を聞いていた。皆、飛長に次から次へと曲をリクエストし、今生の別れを惜しんだ。

攻撃七〇八飛行隊初の桜花攻撃となる、第二次桜花攻撃出撃直前のことである。一〇日前に全滅した第一次攻撃隊の弔い合戦でもあった。

一飛曹は三月二十九日、宇佐で今回の桜花攻撃への搭乗命令を受けた。本来は十三期飛行予備学生出身の坂本進中尉機の主操縦員であったが、澤本良夫中尉機の副操が体調不良ということで、直前に搭乗を命じられたのであった。

丙飛十六期出身の門田一飛曹は台湾沖航空戦に索敵機として出撃したが、その後顎下リンパ腺炎を患い、霧島海軍病院日向山分院に入院を余儀無くされ、二月に退院したばかり、桜花の投下訓練も未済であった。

このとき一飛曹は飛行時間一八〇〇時間余、しかし桜花に関しては投下訓練はおろか、座学講習も受けていない。ぶっつけ本番、しかも指揮官機の主操をやれというのである。門田はしかし事、ここに至っては観念するしかない、やるだけのことをやろうと肚に決めた。しかし自分を人選した飛行隊長への不満は残った。

滑走路東端近くにテントで作られた仮設の指揮所近くに屯《たむろ》していると、次第に滑走路の西端、野里の方から霧が湧き上がってきた。「出撃搭乗員は注射を受けよ」とメガホンを持って医務科の兵隊が回って来た。門田一飛曹はペアの一人に何の注射か聞くと「戦争に勝つ注射だろう」と言われた。それが暗視ホルモンだと知るのは後のことである。

桜花、重し！

型通りの別杯が済み、一式陸攻に乗り込んだころには、霧はますます深くなり、視界は五メートルほどしかなくなっていた。長い鉢巻きをした桜花の搭乗員、山村恵介上飛曹にはこの時初めて会った。

エンジンはすでに始動しており、門田一飛曹はチョークを払わせ、離陸地点までの滑走を始めたが、その時初めて二トンという桜花の重さを実感した。「これは容易なことではないな」と一飛曹は緊張した。

桜花を積んで離陸する攻撃七〇八の一式陸攻。これは門田一飛曹の次、第三次攻撃の写真とされる。

離陸開始地点に着くと、滑走路両脇のカンテラは見えたが、艦首灯（離陸目標灯）は霧の彼方に没し、まったく見えない。これは計器離陸をするしかないと覚悟する。フットペダルを踏み締め、最初にブーストレバーを引く。ブーストは普通の離陸などでは使わないが、桜花を積んだこの時だけは必要だと感じた。徐々にスロットルを入れていく。機体がぶるぶると震え出した。ブレーキから足を放すと体が座席の背凭れに押さえ付けられるように機が滑り出した。機体が滑走し出すと霧はますます濃くなったように思えた。スロットルを入れ続ける。吸入圧力計の針がレッドゾーンを示している。オーバーブーストは三〇秒以内だ。両側のエンジンは全力回転の唸り声を上げ、カウリングカバーが真っ赤になって、いまにも溶け出すのではないかと思えるほどだ。エンジンの同調と旋回計だけ注意し、機がぶれないように保針する。

機体は一五〇〇メートルある滑走路のエンド手前でようやく浮かび上がった。機速は辛うじて一〇〇ノットを超えているが、左エンジンの油圧計の指度が低い。ブーストを戻そうとすると機速が落ちる。霧はますます深く、まるでミルクの中を泳いでいるようだ。鹿児島湾に出たと思われるあたりで高度二〇〇メートルに達したが、相変わらず何も見えない。なんとか海面すれすれに霧を突破しようと高度を一気に二〇メートルまで下げた。搭整の岩田清上整曹が油圧計を見てしきりに左エンジンを気にするが、霧で左エンジンも、左翼も見えない。今度は主偵察員の久野重信飛曹長が、羅針儀の上に乗り出しながら、右手を前にだし、少し右へとゼスチャアで示した。一飛曹が少し右足を踏み込んだ途端、ダダダ……と翼端が海面を叩いた。

鹿屋の滑走路。

機体は桜花を積んだまま、伊座敷沖の海に突っ込んだ。その後漂流する門田一飛曹、澤本中尉、山村上飛曹、鏡茂雄一飛曹は漁船に救助され、一命を取り留めることになる。

この日出撃した六機のうち門田一飛曹の搭乗した指揮官機は不時着水、一小隊二番機は連絡なきまま未帰還、三番機は敵を発見できず宇佐に帰投、二小隊一番機は肝属郡根占町芝ノ山山頂に衝突、全員戦死、二番機は敵影を見ず台湾・新竹飛行場に不時着、三番機は連絡なきまま未帰還と、惨澹たる結果に終わった。攻撃七〇八による桜花攻撃の第一回目も、結果を出すことはできなかった。

目を瞑って桜花を落とす

続く第三回目の攻撃は、菊水二号作戦の発動された四月十二日。九機の一式陸攻が桜花を抱いて出撃したが、この日、菅野善次郎二飛曹は三小隊一番機、三浦北太郎中尉（予学十三期）機の電信員として乗り込んだ。桜花搭乗員は予備学生十三期出身の土肥三郎中尉。

今回は昼間の強襲であるが、事前に戦闘機隊が沖縄上空を制圧しているということで、九機は離陸後、単機進撃することになっていた。

午後〇時二十分、三浦機が鹿屋を離陸した時、指揮所の脇にある吹き流しと「南無八幡大菩薩」と「非理法権天」の幟が風に靡《なび》いていた。

三浦機は敵を欺くため、沖縄の列島線を行かず、黒島の上空を通過し、沖縄の西方から変針、中城湾に向かう予定を立てていた。午後二時四十五分、高度五〇〇〇メートル、菅野二飛曹ははるか前方に白いウェーキを発見、直ちに三浦中尉に報告する。双眼鏡で見ると、それは七隻からなる敵艦隊であった。二飛曹は三浦中尉に命じられ、機長席で眼を瞑っている土肥中尉に声を掛け、桜花に乗り移るハッチに案内した。中尉は肩から吊っていた拳銃を同期の宮下中尉に遺品として渡してくれと菅野に託した。その後、中尉は桜花の機体に身をすとんと落とした。

高角砲の弾幕が行く手を阻みはじめた。敵艦との距離は一八〇〇〇メートル程。三浦中尉は桜花と伝声管で連絡を取りつつ、「桜花発進」と号令、操縦桿の右手についた爆管のボタンを押した。しかし不発。三浦中尉は菅野二飛曹を呼んで、前部偵察席に向かう途中にある配電盤のスイッチを確認するよう指示した。

二飛曹が配電盤に取り付いて後ろを振り返ると、爆弾倉の点検用小窓から偶然にも桜花の風防部分が見えた。神雷の鉢巻きをした土肥中尉の上半身がそこにあった。二飛曹は一瞬、自分が金縛りにあったような気がした。「自分の一挙手で土肥中尉が投下されるのだ」。しかし感傷に溺れている暇は無い。菅野が目を瞑って配電盤のスイッチを入れ、後ろを振り返るとそこにはもう土肥中尉の姿は見えなかった。

桜花投下後、旋回した一式陸攻から海面を見ると、先程敵艦が見えたあたりから、

4月上旬、桜花に乗った上田兵二一飛曹を、要務で訪れた一〇〇一空の搭乗員が写真に撮った。上田兵曹は後に第八建武隊として爆装零戦で散華する。

一本の黒い煙りが上がっている。三浦中尉と確認し、「敵戦艦一隻轟沈」を二飛曹が打電したのが午後三時十五分。米軍の発表によればそれは駆逐艦マンナート・L・エーブルとされているが、いずれにせよ桜花による最初の戦果として確認されている。

さみしい戦果

桜花を使っての航空攻撃は六月二十二日の第十次菊水作戦の発動の日まで続いた。結果、三月二十一日の野中隊の出撃から一式陸攻の述べ出撃機数八一機、桜花七八機、うち桜花を投下した一式陸攻が戦果を視認し、帰投したのは菅野二飛曹機を含め五回のみであった。

門田上飛曹（五月一日進級）は五月二十五日の第九次攻撃にも参加したが、この時もオイル漏れでエンジンが焼き付き寸前となり、桜花を抱いたまま帰投、追い風の中を鹿屋の滑走路に着陸した。

　結局、三月二十一日から六月二十二日まで三カ月にわたった桜花攻撃で「必死」の桜花五八機五五名、「決死」の一式陸攻五五機三六五名が戦死した。

　残念ながら一式陸攻を使っての桜花攻撃は野中少佐の予言したとおり、惨澹たるものに終わった。少佐の言ったように桜花は「使い難き槍」であったかもしれない。しかしその「槍」を扱う「武者」＝一式陸攻も決して「若武者」ではなく、「老いさらばえて」いた。

　海軍当局は一式陸攻を親機とする桜花一一型をほぼ断念、銀河を母機とし、カンピーニロケット初風を搭載した自走能力のある二二型の開発に全力を注いだ。菊水作戦終了直後の六月二十六日、神ノ池で行われた第一回の投下実験では、長野少尉の操縦する桜花が不意落下し、少尉は殉職した。結局、二二型は終戦の日まで実用化のメドをつけることができなかった。


海軍、桜花作戦を断念？

　桜花二二型の実験が行われていた当時、神ノ池には神雷部隊の後詰《ごづめ》となる七二二空、通称「竜巻部隊」が桜花搭乗員の練成を行っていた。七月上旬、分隊士を務める竹田《たけだ》

竹田俊幸中尉は七二二空の分隊士。兵学校73期の出身だった。

俊幸《としゆき》中尉（兵七十三期）の私室に丸大の発案者である大田正一少尉が訪ねてきて、「桜花作戦が中止になって残念だ。自分はまだ有効な作戦であると思うので、再開を上申したい。ついては中尉にお口添え願えないだろうか」という主旨のことを言う。

それまで隊内で会っても会釈を交わす程度の仲でしかなかった少尉がなぜ訪ねてきたのか不審だったが、それよりも桜花作戦が中止になったというのは初耳だった。

実際、桜花の投下訓練は目に見えて減っていた。また沖縄作戦が終了し、石川県の小松基地に展開していた攻撃七〇八飛行隊もほとんど飛行作業は行われていなかった。

七月上旬、小松にいた陸攻隊員の中から六ペアが選ばれ、北海道の千歳に進出を命じられた。その中に門田上飛曹のペアも含まれていた。聞くとグアム、サイパンへの片道挺身特攻だという。剣作戦である。一飛曹はこれで自分も最後かと思う一方、特攻隊員を運んで行くよりこちらのほうが気が楽だとも感じた。

野中隊の全滅の後、攻撃七〇八飛行隊の飛行隊長に任じられた八木田喜良大尉は七

七二二空は七二一空の後詰の部隊とされ、神ノ池で錬成を行なっていたが機材も不足がちで作業は遅々として進まなかった。陸攻隊の隊員が20年5月に香取神宮を訪れた際の写真。

石川県の小松基地に展開していた攻撃七〇八からも剣作戦への参加ペアが抽出された。門田一飛曹のペアも千歳に向かうことになった。

月下旬、朝鮮半島元山の少し南、迎日《げいじつ》基地に向かった。概成したばかりのこの基地に、本土決戦に備え部隊を移動させるための先遣隊を命じられたのである。

このようにして神雷部隊陸攻隊はなし崩し的に散り散りになっていった。そしてそれぞれの地で彼らは玉音放送を聞いた。

八月二十二日、小松では足立飛行長が部隊の解散を宣した。その直後、桜花隊は三度の出撃から生還した山村飛曹長の発案で、三年後の三月二十一日、靖国神社での再会を約したという。しかしその約束は陸攻隊員に伝わらなかった。

戦後も神雷部隊の桜花隊と陸攻隊は時に合同で慰霊祭を催すこともあったが、基本的には戦友会は別々に開催されてきた。やはり桜花と陸攻では共有するものが異なったということであろうか。

神雷部隊の意味や真価、なぜ失敗に終わったのかということは改めて問い直されなければならない。ただその際、「決死」だったとはいえ、「必死」の桜花を上回る戦死者を出した陸攻隊もまた正しく評価されるべきだと思うのは筆者だけではあるまい。

オンボロ陸攻
沖縄の夜空に在り

1945.2－1945.6

昭和20年4月2日、鹿児島県出水基地に進出する松島空第一次特攻隊の面々が、松島空の格納庫前でカメラに収まる。

黒板の上の名前

岡本鐵郎《おかもとてつろう》少尉は、黒板に書かれた搭乗割の中に自分の名前を見つけた時、頭を鉄棒で殴られたような衝撃を受けた。足がブルブルと震え、体が地面にめり込むような気がする。鹿児島県出水基地に進出する第五次特別攻撃隊の発令である。昭和二十年五月七日、宮城県松島基地でのことであった。四月二日に第一次特別攻撃隊が松島の地を立って出水に向かって以来、いつかこの日が来ることは分かっていた。

岡本鐵郎少尉。14期飛行予備学生出身の少尉は特攻に志願し、5月7日に第五次特攻隊員に指名されたものの、直前に中止となった。

昭和十九年八月一日、宮崎空を引き継いで松島の地に開隊した松島海軍航空隊は、横須賀鎮守府管轄下の第十一連合航空隊に所属する大型機操縦員養成のために練習航空隊として、十三期、十四期の飛行予備学生、飛行学生四十二期（兵七十三期）らの訓練を実施してきた。しかし、昭和二十年三月一日実戦部隊として第一〇航空艦隊に編入され、沖縄戦の開始にともない鹿児島県の出水基地から特攻攻撃を行なうことが決められた。

沖縄における航空決戦という考え方に、海軍は二十年の二月当初、否定的であったという。比島作戦で航空兵力の相当部分をすり減らしていた海軍は、この時点で沖縄作戦に使用できる航空兵力を三航艦と五航艦を合わせた五〇〇〜七〇〇機程度、それも実戦に参加できるように錬成できるのは五月末くらいと考えていた。それに対し、陸軍は強硬に沖縄での航空決戦を主張、論争が繰り返されていた。軍令部作戦一課はここで一つの妙案を考えついた。練習航空隊の練習機を特攻に参加させることで、それなりの兵力と見なせないか、というのである。練度が多少低い分、それらの機材には機動部隊ではなく、輸送船団を狙わせる。

特攻隊の出陣はこのように搭乗割が黒板に書き出され、掲示された。これは4月13日に松島から出水に向かった第二次特攻隊のもの。

そうすれば一挙に二〇〇〇機を特攻兵力に繰り込むことができ、四月にも間に合うというのだ。

特攻機として使用される練習機は一部戦闘機を除き、すべて。そして特攻隊員は三分の一から半分を教員・教官で、残りを練習生で充当するとされた。この決定はただちに実施に移されることになり、各練空に対しては、至急、四月の実戦参加を想定しての概成をめざし、特攻訓練が命じられた。

陸攻、特攻へ

この特攻作戦に繰り入れられることになった練習機は大型機も例外ではなかった。九六陸攻、一式陸攻を使用する練習航空隊の松島空でも三月十日ごろに司令からの「特攻攻撃について」という講話が行なわれたという。しかし九六陸攻は全幅二五メートル近く、しかも中には八年近く前の渡洋爆撃にも使われたと思われるような古い機材もあり、それらを用いてどのように特攻を行なえ、というのだろうか。

三月三十一日、この日、岡本少尉を含む松島の第十四期飛行予備学生後期組は、操縦専修の特修学生課程を卒業となったが、その晩六時過ぎにガンルーム（士官次室）に集合を命じられ、そこで特攻への志願を言いわたされた。志願者は一人ずつ隊長ま

同じく陸上攻撃機の練習航空隊である豊橋空からも特攻隊員が抽出され、出水に向かった。写真は豊橋から出水に向かう第一次特攻隊員を撮影したもの。

たは分隊士に申し出よ、というのだ。その時の言われ方は「国が負け戦になって、もう敵が沖縄まで来ている、志願してくれ」という有無をいわせぬ雰囲気で、言われた方も、多くは、もうここまできたら止むを得ない、といった感じで受け取り、「志願します」と申告をしに行ったという。そして翌四月一日には海兵七十一期の渡辺義昌大尉を指揮官とする九六陸攻四機、二二名の搭乗割が発表となり、二日には総員帽振れの中を出水基地へ慌ただしく進出していった。

大型機練習航空隊の豊橋空（二代）も松島空と事情は同じ。もともと松島空と同じく昭和十九年八月一日、第十一航空艦隊第五十一航空戦隊の傘下の連空とし

谷茂岡實少尉は第三次攻撃隊として松島から出水に出陣、4月20日照明弾を積んで沖縄に出撃する。

て開隊された豊橋空は、特攻の志願に関しては松島空より少し早い。三月二日飛行隊長伊藤福三郎大尉（兵六十六期）から趣旨説明があり、志願調査表という用紙が配られた。あくまでも「自由意志」ということが強調されたというが、「否」と書いたものはいなかったのでは、と当時の十四期飛行予備学生は回想する。その後、全員が一人ひとり伊藤大尉の私室に呼ばれ、健康状態、家族の状況、希望などを聞かれた。ほぼ一週間後の十日に第一次特別攻撃隊の搭乗割が発表され、四月二日藤川誠大尉以下、一式陸攻四機、九六陸攻五機が出水に進出する。

中央大学法学部二年に在学中、学徒出陣となり、雨の神宮外苑を行進した谷茂岡《やもおか》實《みのる》少尉が、博多航空隊での中練教程を終え、実用機の訓練を受けるために松島空に着任したのは十九年十二月の大晦日。新年早々九六陸攻による離着陸訓練が始まる。それまで羽布張りの九三中練にしか乗ったことのなかった少尉にとって、九六陸攻は全金属製。ようやく実用機に乗れるのだ、と身を引き締めた。操縦の際に風防の天井のところに付いている二本のスロットルを調整して、左右のエンジンを同調させるのが難しかった、というのは海軍で双発大型機を操縦した者が誰でも最初に抱く感想だ。それもしばらくして慣れると、九六陸攻は図体が大きいわりには安定性がよく、比較的スムーズに操縦できるようになったという。一月から三月にかけてはずっと離着陸、航法、編隊飛行の訓練が行なわれた。一機に訓練生四、五人が乗り、石巻灯台を起点に一回三〜四時間飛ぶ。その間訓練生が交替で操縦桿を握る。三月半ばからは夜間訓練が開始され、カンテラの夜設の点された飛行場への離着陸も行なった。あるとき盗み見た分隊長の記録簿には、訓練生が夜間行動「可」「不可」で区分けされていたという。

谷茂岡によれば特攻の志願には、第一次攻撃隊として自らも出撃した分隊長渡辺大尉の部屋に一人で行ったと記憶している。分隊長室に向かう廊下を歩きながら、体が宙に浮くような、妙な気分に襲われ、死刑囚とはこんな心境なのだろうか、と思った。「志願します」と大尉に申告した後は、一日中、ぼーっとした気分だったという。

松島空と豊橋空の特攻部隊は出水に進出し、榎尾義雄大佐の指揮下で飛行長、飛行隊長はそれぞれ松島、豊橋から出す、ということで作戦が行なわれることになった。

特攻からの戦術転換

ところが松島、豊橋両練空の特攻攻撃は寸でのところで夜間攻撃に変更となった。

神戸高等商船学校を卒業、第二期の航空術講習を受け、大型機の搭乗員となった巌谷二三男少佐は、十二年の木更津空を振り出しに中国戦線、マレー、ソロモン、マリアナと転戦し、十九年八月豊橋空（二代）に飛行長として着任した。少佐は三月下旬に発令された特攻攻撃に疑念を感じた。老朽機材で低高度水平飛行でも一八〇ノット足らずしか出せない九六陸攻でどのような特攻が可能というのか。まったく実効があがると思えない命令に、少佐は豊橋空の佐藤治三郎司令と協議のうえ、すでに沖縄航空戦の前哨戦が始まっていた鹿屋の第五航空艦隊防空壕に、今村正巳航空参謀を訪ね、九六陸攻による特攻は無意義であることを意見具申した。司令部では実戦経験豊富な少佐の意見を検討し、特攻を取り止め、夜間雷撃に戦法を変更、四日に電報で出水空司令に伝えた。この間の経緯は、関係者の多くが物故しているため、不明な部分もあるが、少佐の具申によって、何人もの命が救われたことだけは間違いない。

もちろん夜間雷撃からの生還率もきわめて低い。だが必死の特攻と、決死の攻撃では搭乗員に与える印象はまったく異なる。二日に出水に進出していた豊橋空第一次特

金華山沖を訓練飛行する松島空の九六陸攻。

別攻撃隊員は、五日集合がかかり、特攻から夜間雷撃への変更を知らされた。その場にいた鈴木勇二飛曹（特乙二期・塔整）は、喜ぶと同時にやる気が湧いてきたという。

ただ特攻から夜間雷撃への戦法変更が、それぞれ松島と豊橋にいた後続部隊にどう伝えられたか、については諸説ある。そうとは知らずに苦悩した冒頭の岡本少尉の例もあるが、一方で谷茂岡少尉が四月十七日に第三次特攻攻撃隊として松島から出水に向かう時には、雷撃隊と承知していたような気がするという。その証拠に特攻で出撃するのであれば、私物等を行李に詰めて実家に送り返すだろうが、そんなことはせず、再び松島に帰ってくるつもりだった、と回想する。また五月二十七日一式陸攻「マシ－315」号機で嘉手納湾の夜間雷撃に向かい、魚雷発射後、墜落戦死した十四期飛行予備学生の香宗我《こうそか》部呉郎《べごろう》少尉は、松島から出撃する前の四月十七日、最後となった家族宛の書簡を出しているが、そこで「今回の航空作戦に従事する航空機は特攻機でありますが、私たちは特攻隊ではないはず」で、九州の基地に進出して雷撃をする、としたためている。分隊毎に情報が異なったのかも知れないが、錯綜した当時の状況が垣間見られる。

沖縄の空へ

特攻が夜間雷撃になったことで、戦死の可能性は減殺されたが、危険度の高い作戦であることには変わりはない。「出水部隊」と呼称された松島空と豊橋空の混成部隊は、進出して間もない六日、第一次攻撃隊を出撃させる。この日、菊水一号作戦が発動され、九州各地からは七日にかけ特攻三五九機を含むのべ六九九機が出撃した。豊橋空の藤川誠大尉以下、豊橋空一式陸攻一機、九六陸攻二機、松島空九六陸攻二機の攻撃部隊は未明午前一時を期して出撃の予定であったが、豊橋空の二機が故障で発進できず、三機が午前一時十五分から午前一時二十三分にかけて離陸した。離陸直後豊橋空九六陸攻「トヨ－471」が不時着大破、松島空の盛岡哲志少尉が操縦する「マシ－309」は発進以後連絡なし、田代満男少尉の操縦する「マシ－380」は天候不良で午前四時に帰投するといった散々な有様で、初陣を飾ることができなかった。

七日未明にも五機が出撃したが、故障のための出撃取り止めや、離陸直後の墜落があり、沖縄に進撃したと思われる二機も発進後連絡が取れなくなった。

攻撃がはじめて成功したのは、菊水二号作戦が発動された十二日のことであった。この日第一次特別攻撃隊の指揮官として出水に進出していた渡辺義昌大尉自ら操縦する九六陸攻「マシ－326」で、田代満男少尉の操縦する「マシ－380」とともに薄暮攻撃のため、午後三時四十二分出水を発進した。同時に九五一空の一式陸攻四機も協同攻撃として出水を、宮崎からも豊橋空の一式二機が出撃した。渡辺大尉機は午後七時四十分、巡洋艦らしき大型艦を雷撃、田代機は艦種不明の艦に火柱を上げさせたという。ほかに四機が輸送船、大型艦に雷撃を実施した。この攻撃で田代機と九五一空の二機が未帰還となった。

この間、十一日には松島で第二次特別攻撃隊の搭乗割が発表され、三〇名が翌十二日出水に進出、十五日には第三次の谷茂岡少尉を含む二二名が発令され、十七日進出した。

十七日、出水に進出してみるとそこはもはや戦場だった、と谷茂岡氏は回想する。

4月13日、松島空第二次特攻隊が出水に進出するため格納庫前で記念撮影をする。前列右から6人目が指揮官の竹島栄吉中尉。

すでに米軍による空襲が実施され、主だった建物は破壊され、司令部も地下壕に移動しており、宿舎も基地の外にあった。他に銀河や天山などの新鋭機が離発着を繰り返し、桜花を積んだ一式が不時着してきたりする。のんびりした松島とはまったく違った光景だった。

その少尉に出撃は間もなく訪れる。四月二十日伊江島南東海面敵輸送船団雷撃および北飛行場爆撃を命じられた松島空、豊橋空の九六陸攻、一式陸攻混成一〇機が出撃を準備、うち三機が発動機不調で出撃取り止め、七機が午後五時五十五分から午後六時五十分にかけて順次出撃した。雷装が三機、爆装が二機、照明弾を搭載した照明機が二機だ。

谷茂岡少尉がサブを務める九六陸攻「マシ－312」は、二番機として機長の佐々木欽也中尉（兵七十三期）が操縦し、零式吊光照明弾二型一二発を搭載して午後六時二十分に離陸、同時に離陸した花田良治少尉（十四期予学）の操縦する一番機「マシ－379」（機長・伊藤彰少尉）と雁行して沖縄に向かった。一番機の搭乗整備員の能登克己二飛曹は、出発の時に地上整備員から「必ず生きて帰れよ」と励まされたことをよく覚えている。当日、天気はよく晴れわたり、水俣湾は残照に輝いていたが、次第に暮れて、上空には上弦の月があって、海面を照らしていたとは、谷茂岡氏の回想。

中古機材での出撃

一番機は、雷撃機として九一式航空魚雷改七を搭載していた。九一式航空魚雷の最終発達型である改七は、マレー沖海戦で九六陸攻が搭載した改一の炸薬量が一四九・五キロであったのに対し、三倍近い四二〇キロに増えており、したがって全重も一トンを超えていた。夜間攻撃は各機単機で攻撃目標に向かうことが原則だったが、二番機、谷茂岡少尉の機は雷装した一番機と編隊を組み、いったん西進ののち、沖縄方面に向かうよう指示されていた。ところが一トン魚雷を積んだうえに、支那事変に使われたと思われるような古い型（二一型以前の機か）の一番機は行き足が遅い。一般に練空で使われる機材は、実戦部隊で使用され、還納された機材がまわされてくるのが

20年2月、雪の松島で訓練を行なう九六陸攻。練習航空隊は還納機材も多く、メインテナンスが大変だった。

通常、しかも九六陸攻は使いやすく、各部隊で要務飛行や対潜哨戒にも使われたりしたので、勢い練空には古い機材が多く集まっていた。ある予備学生は九六式輸送機で大型機講習を受け、胴体の両側にベンチがあるのでよく見ると、開戦当初メナドで落下傘降下に使われた機体だったという。

いずれにせよ、一番機があまりに遅いので、二番機はうまく編隊が組めない。しかもこのままでは、攻撃予定時刻の午後十時に間に合わないおそれがある。午後八時半ごろ、後ろを飛んでいた二番機が横に出て、機長の佐々木中尉が「もっとスピー

魚雷を抱いて離陸する九六陸攻。

ドを出せ」と窓越しに手先信号を送ったところ、「前に出ろ」と言われたと勘違いした花田少尉は、エンジンをふかして増速、あれよあれよという間に二機は行き別れてしまった。月明かりの下では、ほんの申し訳程度の編隊灯などまったく見つけられない。致し方なく、それぞれの機は単機で伊江島をめざすことになった。

谷茂岡少尉の乗った二番機は高度八〇〇メートル、オートパイロットを作動させながら伊江島をめざした。機内は真っ暗で、計器の夜光塗料だけがボーっと明かりを放ち、佐々木中尉の横顔を蝋人形のように青白く浮かびあがらせている。緊張と沈黙が続いた。ところが沖縄まであと三〇分あまりとなった午後九時半、少尉を震撼させる出来事が起きた。敵夜戦の襲撃である。右前方の積雲の中から編隊灯を点けた敵夜戦とおぼしき飛行機が何機か続けて出てきたのである。「ブラックウィドーだ！」機長の佐々木中尉は素早く機首を反転、海面に向かって急降下しながら巧みに左右に機を旋回させた。谷茂岡少尉は予てからの打ちあわせどおり、旋回するたびに操縦席前にあるブザーを押す。そうするとその音にあわせて電信員の川村太三二飛曹が銃座からチャフと呼ばれた電探欺瞞紙を撒くのである。アルミ箔を短冊にした欺瞞紙は相手のレーダーに感応するので、針路を変更するたびに撒くことで敵を幻惑させることができるとされていた。

しばらくすると川村二飛曹からもう欺瞞紙を撒ききってしまった、という報告があったので、少尉はブザーを押すのをやめた。どのくらいの時間だったのだろうか。高度は海面すれすれまで落ちている。どうにか敵を回避することができた。態勢を建て直し、高度三三〇〇メートルで午後九時五十分、伊江島上空に進入、九時五十二分から八分かけて照明弾を投下した。

一番機は二番機と分離した後、沖縄が近づくにつれ、徐々に高度を下げ、五〇〇メートルで飛行していたが、目標近くでグラマンらしき機影を認め、さらに海面すれすれまで高度を下げた。午後十時、一面砂浜と思われる島の上を飛び越えた。沖縄上空だ。花田少尉は「ついに沖縄に辿り着いた」と感無量だった。その時、照明弾が光った。一番機が月明に浮かび上がる敵艦船を見つけて雷撃したのは午後十時三十分ころ。プロペラが海面を叩くかと思われるくらいの低高度で、戦艦とおぼしき敵艦を雷撃、その直後、対空砲火を受け、機内を火花が駆け抜けたと思った次の瞬間、気づいた時には海面に不時着していた。伊藤少尉は機上戦死だった。

無事に帰ったのは一機だけ

同じ松島空第三次特攻隊で十七日に出水に来た深田栄三少尉は、この日「マシ－374」号機に魚雷を積んで出撃した。機長は南雲倉二少尉（予学十三期）。深田少尉は正操縦員だった。魚雷頭部は実戦用に黒く塗られており、魚雷調整班が着けたのか、守り札が貼り付けてあった。午後六時二十分に離陸、天草上空で編隊を組み、中国大陸の方向に向かう。午後八時半ころ単機となって高度を下げ、海面すれすれのまま会敵地点に突入、午後九時三十分、巡洋艦と思われる敵艦に目標を定める。「我、今より突撃す」と打電、高度計○《ゼロ》メートル、激しい対空砲火の中、「南無八幡大菩薩」を唱えながら突入、魚雷投下索を引いた。同時に右に左に機を滑らせながら退避。ギギー、ギギーと機が軋んだ。後ろから撃ってくる砲火をかわしながら、対空砲火の圏外に出た時、どうにか助かったという喜びが込み上げてきた。ところがスピードが出ない。どうも魚雷が落ちていないらしい。被弾によって機外の魚雷投下索が切れてしまったのだろうか。皆がっかりした。

この日、同じ松島空の大島秀夫少尉の乗る「マシ―321」号機は沖縄北飛行場を午後九時四十五分爆撃、六番爆弾六発を投下、三ヵ所に火災を認めた。

照明弾投下を終えた谷茂岡少尉の乗る佐々木機は午前三時十五分、出水に帰投したが、着陸時に追い風になったことに気がつかず、滑走路をオーバーラン、滑走路のエンドの水田に突っ込み大破。搭乗員は全員幸いにも軽傷だった。

雷撃後、撃墜された花田少尉は水没しつつある機体から能登上飛曹と高松飛長とともに脱出、敵艦載機からの銃撃とサメに悩まされつつ、久米島住民に救助された。しかし久米島に六月二十六日米軍が上陸したのちは山中を逃げ回り、終戦を知って九月七日に投降した。

北飛行場爆撃に成功した大島少尉の乗った機も帰投時、機位を失い、島原半島南面の漁港加津佐付近に不時着水した。

深田少尉の搭乗した機は機位を失い、探照灯の照射を依頼、午前二時四十五分、出水に着陸した。魚雷はやはり胴体下にぶら下げたまま、被弾は七八発におよんでいた。

20年5月3日、第四次特攻隊5機が松島を出発した。その直前の記念撮影。四次攻撃隊は一式陸攻で出撃した。

整備員は「無事帰ったのは少尉の機だけです」と告げた。

　結局、七機の出撃で照明弾を投下した機が一機、雷撃を実施した機が二機、爆撃を実施した機が一機であり、出水に無事帰着できたものは一機、大破一機であった。敵のレーダー網をかいくぐり、夜戦、対空砲火を避け、攻撃を終了し、無事帰投するのがいかに困難かが知れよう。

　谷茂岡少尉は四月二十八日には被爆によって可動機材がなくなったことにより、松島に帰還した。二十日の後も、二十六日、二十七日、五月四日、六日、十一日、十八日と攻撃は行なわれ、六月一日を最後に打ち切られた。

　また五月一日には豊橋空の第二次攻撃隊

六ペアが一機ずつの一式陸攻、九六陸攻に分乗して、三日には松島空から第四次特別攻撃隊五機の一式陸攻が、出水に向かった。しかし、七日岡本少尉の搭乗割が出た第五次特別攻撃隊は結局翌八日、出発取り止めになった。軍令部は沖縄戦の帰趨を見極め、本土決戦の戦力としてこれらの航空兵力を温存することにしたのである。

のべ一三回にわたった沖縄への夜間攻撃の期間中二二四人の若者が散華、殉死した。練空の特攻化とは有為の青年たちの救国の思いにのみすがって計画された愚かな作戦であった。今となっては出水部隊が特攻攻撃から外され、生き残った人々がいたことにわずかな救いを見出すしかない。

八咫烏《やたがらす》、沖縄の空へ

日本航空機雷戦記

1945.3 − 1945.4

八〇一空の一式陸攻の前で記念撮影をする 14 期飛行予備学生。

予想された「転身」

沖縄の攻防戦が始まる直前の昭和二十年三月中旬、攻撃七〇三飛行隊の搭乗員は、鹿屋基地の一隅にあった木造兵舎に集められた。二〇〇人余の搭乗員を前に、飛行長の多田篤次少佐が、七〇三飛行隊が攻撃飛行隊から偵察飛行隊に編成替えとなったことを告げた。

「機動部隊の攻撃には、まずそれを発見する必要がある。その発見の大任を仰せつかったのだ」という少佐の説明に、小島《こじま》忠夫《ただお》上整曹は「正直、がっかりした。また夜間雷撃をやらせて欲しいなあ」と思ったという。上整曹は初陣が支那事変という古参の搭乗整備員。攻撃七〇三飛行隊が、空地分離により七五二空から独立する頃から指揮官機の搭整員を務め、あ号作戦でも野中五郎少佐

小島忠夫上整曹は支那事変にも参加した古参兵。野中五郎少佐機の搭乗整備員を務めたこともある。

機に乗り、硫黄島沖雷撃戦、サイパン島爆撃に参加した。その上整曹にとってみれば、偵察隊というのはいささか気勢をそがれるものに思えたのも致し方ない。

だが「野中一家」の薫陶を受けたもう一人の搭乗員、鈴木保《すずきたもつ》上飛曹は違う感想を持った。「もう一式陸攻での攻撃は不可能に近い。夜間に飛べる数少ない者は挺身偵察をするしかない。偵察は一回こっきりの攻撃と違って、粘り強く触接を続ける、危険で厳しい重要な任務」だというのだ。

沖縄戦を控え、夜間偵察の重要性はとみに高まっていた。これまでの経過から、米機動部隊は夜間に本土に接近、黎明に攻撃部隊を放ってくるだろうということは衆目の一致するところだった。夜間の敵を発見するには彩雲など単発の偵察機では困難で、電探を搭載した大艇か陸攻が必要であるとの考えが、陸攻の偵察専門部隊誕生を促したのであろう。

しかし攻撃七〇三飛行隊が偵察部隊として運用される予兆は十九年の暮れからすでにあった。台湾沖航空戦、比島航空

鈴木保上飛曹は攻撃七〇三時代、台湾沖航空戦に参加した。

内田和喜知上飛曹はラバウル航空戦にも参加した古参の電信員だった。

戦で部隊の主力をほとんど失った攻七〇三は内地で再建中、十二月二十日に海上護衛総隊麾下の八〇一空に編入された。同航空隊は元来、二式大艇を運用する水上機部隊である。さらに十二月三十一日には偵察十一飛行隊に併設されていた陸攻分隊が七〇三飛行隊に吸収合併される。翌日二十年一月一日には部隊全力四五機による飛行初めを兼ねた対潜哨戒訓練が行われた。偵察部隊への布石は着々と打たれていたともとれる。

その後も行われた訓練は夜間の通信航法訓練、対潜爆撃訓練、電探触接訓練などが中心で、攻撃隊が行う雷撃訓練などは実施されることなく、二月十日に五航艦の指揮下に入り、偵察部隊への再編の日を迎えたのである。

一式陸攻による夜間偵察とはどんなものであったのか。ラバウル時代からの電信員で、偵察十一飛行隊から七〇三に転勤となった内田和喜知の回想。「陸攻による夜間偵察ということが言われるようになったのは、台湾沖航空戦の前くらいから。目視と電探による索敵です。だいたい二〇〇〇メートルから二五〇〇メートルの高度で飛行しますが、月明さえあれば艦船のウェーキはかなりはっきり見えます。そのウェーキの長さ、太さなどで艦種を推測するわけです。電探も沖縄戦の頃はずいぶん安定性、精度とも向上していました。電探で感度があると、そっちの方向に行って目視、確認しなければなりません。ただ夜戦が必ずいて、それで墜とされた機もずいぶんあった」。

知られざる航空機雷

しかし偵察飛行隊となった七〇三飛行隊が沖縄戦で命じられたのは、偵察・哨戒の任務だけではなかった。沖縄本島への爆撃任務、友軍への物資投下といった輸送や攻撃の任務も間断なく与えられた。そしてその中でも異色だったのが沖縄本島近海への航空機雷敷設であったといえよう。

太平洋戦争における航空機雷戦は、米軍が一九四五年三月から行った日本近海の機雷封鎖のイメージが圧倒的に強い。サイパン島の第20航空軍第73爆撃航空団によって行われたこの作戦で、米軍は関門海峡に始まり、終戦までに朝鮮半島を含むほぼ日本全土にわたり、一万二〇〇〇発の航空機雷を敷設、わずか四カ月の間に大戦中に撃沈した日本艦艇のほぼ一割に近い戦果を上げた。

これに対して、日本側も細々とではあるが航空機雷の開発を行っていた。太平洋戦争緒戦で鹵獲した米軍の航空機雷なども参考に、海軍は昭和十八年、三式一号機雷(通称K1機雷)、三式二号機雷(通称K2機雷)の二種類を完成させていた。このうちK1は落下傘を付けて投下する繋維式触発機雷と呼ばれるもので、七〇三飛行隊が沖縄戦で使用したのは浮標浮遊式触発機雷と称されるK2機雷であり、ともに一式陸攻から投下する。

K1機雷は外径六〇〇ミリ、全長三三七〇ミリ、重量六四〇キロ、炸薬八〇キロという比較的大きなもので、一式陸攻に一発、搭載が可能。昭和十八年九月から生産が開始され、終戦までに約二七〇〇発が作られたが、一度も実戦に使われなかったとされる。このK1機雷を実験で投下した横空第三飛行隊の安部政裕大尉(兵七十一期)は、「投下する高度が難しい。傘体が付いているので、あまり高い高度で落とすと、どこまで流されてしまうか見当がつかない。また投下する際は、低高度で直線飛行をしなければならず、敵のいい餌食になってしまう。非現実的な感じがした」と回想する。実験時の成功率は六割程度で、残りはうまく作動しなかったという。

それに対してK2機雷は外径三六〇ミリ、全長一八五六ミリ、重量一三五キロ、炸薬五〇キロ。一式陸攻には四発懸吊が可能、投下装置も二五〇キロ爆弾の投下装置を

K2機雷作動図

※図2点は、『仮称K2機雷説明書』(防衛研究所戦史室図書館蔵)をもとに作図。

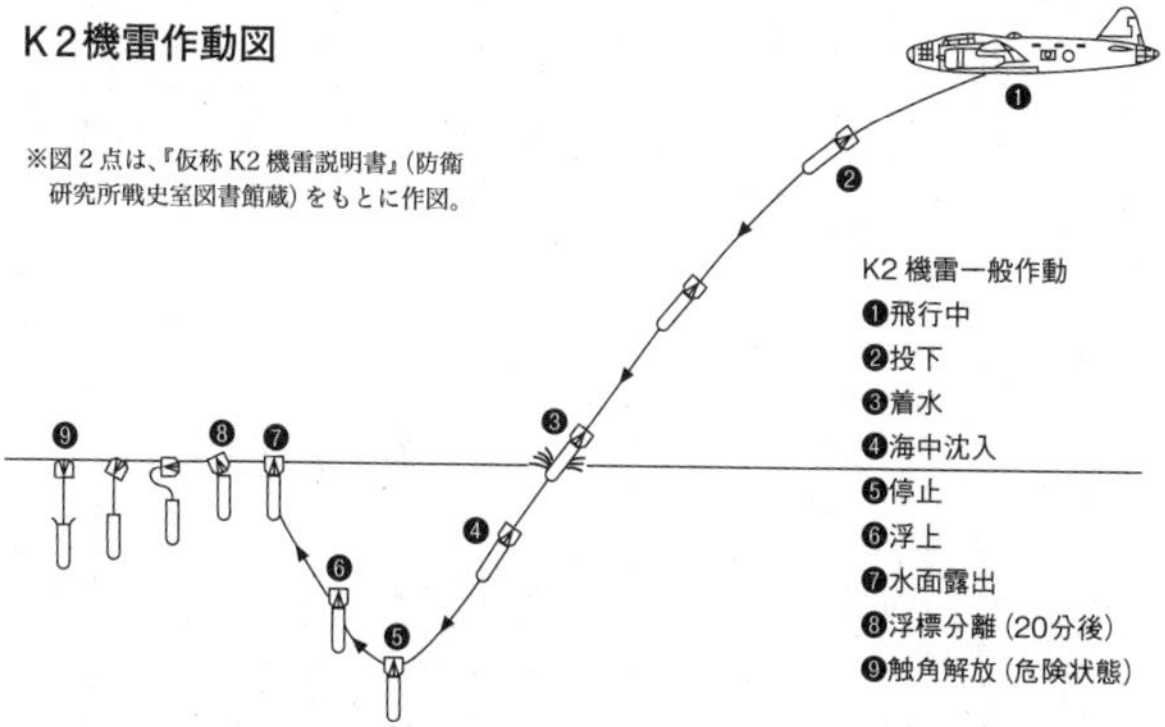

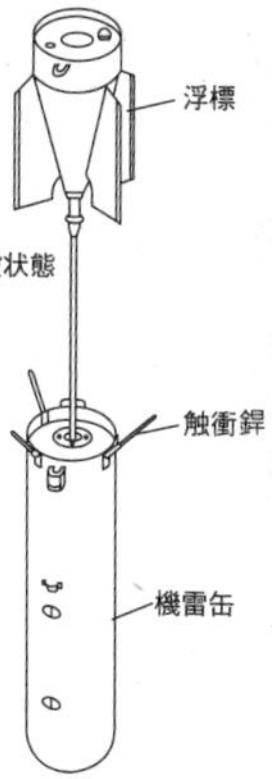

K2機雷と呼ばれた三式2号機雷の構造と作動状態

そのまま使用することができた。K1機雷よりやや遅れて十九年一月から生産が開始され、終戦までに二四〇〇発あまりが生産された。

K1とK2の最も大きな違いは、K1が落下傘をともなって投下され、水中に入った後、ブイの部分と海底に着底する繋維器に分離する複雑な構造なのに対し、K2は直接海面に投下され、海中に入った時点で、ブイと海中に浮遊する機雷缶とに分離するという比較的簡単なものであるという点。炸薬量は少ないものの、K2はK1に較べ生産が容易であり、また一機あたりの搭載弾数が多いことも魅力であった。

K2は沖縄戦に先立ち、フィリピンや硫黄島で使われたとされるが、詳細は不明。そして最後の決戦にその組織的運用が発動されようとしていた。

米軍、沖縄へ

米軍は沖縄戦の前哨戦として三月十八日から二十一日にかけて九州・四国の日本軍航空基地を艦載機によって襲った。この空襲によって、小島飛曹長たちが部隊改編の話しを聞かされた鹿屋の木造兵舎は消失した。続いて米機動部隊は沖縄・南西諸島を空襲、二十五日には沖縄本島への艦砲射撃を行い、一日には上陸を開始した。

米軍の沖縄本島上陸を受け、三日に鹿屋で開催された軍令部、連合艦隊、五航艦の

一式陸攻二四型。七五二空・攻撃七〇三時代のもの。

作戦打ち合わせに於いて、五日をX日とする作戦要領が策定され、X－一日に八〇一空陸攻部隊の一部をもって、沖縄泊地付近に機雷を敷設することが決められた。菊水一号作戦の一環であ:る。この示達を受けて五航艦（第一機動基地航空隊）は麾下の航空部隊に作戦命令を下した（四日午後十時五十分）。

それによるとX日は六日に変更の上、「八〇一部隊陸攻四機を以って泊地付近に機雷敷設」をせよと具体的な機数も明示されている。

この命により鹿屋では七〇三飛行隊の搭乗員を集め、K２機雷の説明会が催された。この説明会には各機の機長、メイン操縦員、主偵察員が集められ、十八日の空襲以後、滑走路の南東側にあった錦谷《にしきだに》という地域に設けられた三角兵舎で、四日午前八時半から行われた。海兵七十三期出身の中川寛中尉が講師役となり、三式二号機雷の投下方法、投下高度などを黒板に書きながら説明したという。

ただこの攻撃はほとんどの搭乗員が一回経験したか、しないかの作戦であったため、機雷の内容を正確に覚えている者はほとんどいない。ある者は「高度五〇メートルで投下しろ」と言われたというし、別の搭乗員は「三〇メートルで水平飛行しないとダメ」と記憶している。現在、防衛省戦史室に残されている海軍航空本部が十九年三月に作成した「仮称K2機雷説明書」によれば、K2機雷は高度二〇〇メートル、気速一六〇ノットで投下するよう指示されている。この機雷が対象とする艦艇は喫水線が一・五メートル以上のものとされており、炸薬量からいっても、攻撃対象は上陸用舟艇、海防艦、魚雷艇などの小型艦であったと推定される。

機雷敷設隊、出動

K2機雷の説明会が行われた翌日五日、機雷敷設の第一次攻撃隊四機の搭乗割が発表された。そのうちの一機、801-56号機の機長小西良吉《こにしりようきち》飛曹長は、主操縦員の松門《まつかど》十九二《とくじ》上飛曹に「機長、うちはまた行くんですか」と食ってかかられた。飛曹長機は、下士官・兵だけのベテラン・ペアということもあってか使われやすく、ほとんど毎日のように偵察・哨戒の任務を命じられていた。他のペアが行かないのに自分たちばかり割を食うと、松門上飛曹が不満を口にしたのも無理はない。小西飛曹長は上飛曹をなだめながら、出撃の準備をした。

この日出撃したのは小西飛曹長機の他に、飛行隊長の岡秀雄大尉機（８０１－１２）、飛行士の和田俊夫少尉機（８０１－７７）それに小西機と同じ下士官・兵だけのペアである中城泉上飛曹機（８０１－２８）の四機。四個中隊から一機ずつ選抜されたといわれるが、飛行隊長自らが出撃することに、偵察七〇三がこの作戦に賭けた意気込みが感じられる。

小西良吉飛曹長は重慶爆撃にも参加したベテランだった。

搭乗員整列は午後十時。敷設地点、粟国島《あぐにじま》一三〇度一〇カイリの位置が示された。出撃した四機は離陸後は単機毎に進撃。最初に離陸したのは中城機、午後十時四十一分。続いて岡大尉機（十時四十九分）、和田少尉機（午後十一時）の順。殿《しんがり》が小西

鹿屋から離陸する一式陸攻。この写真は台湾沖航空戦の時に撮られたもの。

機の十一時五分であった。天候は曇り。雲高八〇〇メートル、雲量一〇、視界はほぼゼロ。沖縄列島線には不連続線が張り付くように停滞していた。

小西機は離陸後、推測航法でほぼ真西に向かって飛行、一時間後に変針して列島線に沿うように南西方面に向かった。しかし一面雲海で視界はいっこうに開けない。さらに一時間近く経過した午前〇時五〇分、操縦員の松門上飛曹が計器の異常に気がついた。高度計と水平儀の作動が不良なのだ。低高度、水平飛行を要求される機雷投下では致命的な計器の故障である。小西飛曹長は搭整員の水木一整曹に計器の調整を命じたが、調整不能と判断、基地への帰投を命じた。戦場到達まであと三〇分ほどの地点であった。「我、引き返す。天候不良」を打電した主電の内田上飛曹は、目標も戦果も判定し難い機雷戦というものに、虚しさを感じた。

結局、この日沖縄上空に到達、機雷投下に成功したのは中城上飛曹機のみ。和田少尉機は離陸後四五分で天候不良と判断、基地に引き返し、岡大尉機は連絡のないまま、未帰還となった。

沖縄泊地にこの日投下されたであろう機雷は四発。戦闘詳報ではこの闘いを「困難なる情況の下、克く悪天候を冒し、機雷敷設の任に当たりたるその功、少なからざるものと認む」と評価している。しかしその効果については言及していない。

再度の挑戦

菊水一号作戦の後、天候はますます悪化、天候偵察もままならない状態で、七日の大和海上特攻に際しても有効な航空作戦を行うことができなかった。五航艦は十一日以降に実施見込みの菊水二号作戦の実施要領を八日に決め、その中で敵艦船が蝟集している中城湾《なかぐすく》に対し、菊水二号作戦当日前夜に再度八〇一空に機雷敷設を行わせることを決めた。

今回、作戦参加機は七〇三に加え、八〇一空の指揮下にある友隊の偵察七〇七から選抜された機も併せた計九機。この時の作戦の公的文書が残されていないため、参加機は戦後の手記や証言によって推定するしかない。

4月11日、2回目となる機雷敷設に参加した野中次郎上飛曹機のペアが出撃前、カメラに収まる。前列左端・主操の鈴木一飛曹、その右隣が野中上飛曹。

五日の一回目の機雷敷設に参加し、二回目にも参加したのは和田俊夫少尉機のみで、他の機はいずれも機雷敷設は初めて。丙飛五期出身、長く飛行艇の偵察員を務めた野中次郎上飛曹は、十一日朝、分隊長の渡辺譲大尉の私室に呼ばれ、「今夜、機雷投下を予定していた機長の篠原兵曹が盲腸で入室したので、代理の機長として行ってくれないか」と頼まれた。人員のやり繰りが厳しいことを熟知していた上飛曹は即座に「行かせてください」と返事をした。

第四分隊長を務める安西大助大尉の機もこの機雷敷設に参加した。大尉は偵察練習生出身のいわゆる叩き上げだ。安西機の電信員・鈴木保上飛曹の回想では、七〇三飛行隊は錦谷に移動してから「錦八咫烏《にしきやたがらす》」部隊と自称したという。神武天皇東征の折、天皇を熊野から大和に導いたとされる鳥である。「天皇を導いたように、攻撃部隊を敵まで導くという意味があったのでは」とは上飛曹の推測。この日は整列する際に、「錦八咫烏」と墨書した日の丸鉢巻を締めた。

午後十一時、搭乗員が指揮所に行くと軍医が「二カ月分の給料だぞ、ちゃんと敵を見つけろよ」と言って各機の機長、主操、主偵に牛の脳から採ったという暗視ホルモンを注射した。野中上飛曹の記憶では三〇分ほどすると、近くの畑の麦の穂が青く、さわさわと揺れているのが見えたという。

午後十一時四十五分、偵察七〇七飛行隊の飛行隊長、町田忠治郎少佐が敵状の説明を行う。中城湾北水道付近には敵輸送船団が物資揚陸のために集結中とのこと。その後、八〇一空司令・江口英二中佐から短い訓示があり、盃での乾杯が行われた。野中上飛曹は盃に注がれたのが本物の酒であることに驚いたという。普通の偵察出撃ではこんなことは行われない、ことの重大さがひしひしと感じられた。

午前〇時、時計整合の後、「掛れ」の合図でそれぞれの愛機に一目散で向かう。野中上飛曹はまず機に乗り込んでから、機雷の投下把丙がある配電盤を確認し、指揮官席に着いた。地上指揮官の指示で随時、離陸する。してしばらくして佐多岬上空で航法発動、さらに編隊灯、左右灯、尾灯をすべて消す。エンジンの排気管から出る青白い炎と、計器盤の夜行塗料だけが目に入る灯のすべてだ。

我、沖縄の夜空にあり

二時間ほどの飛行で沖縄本島が行く手にうっすらと浮かび上がってきたのを野中上飛曹は見逃さなかった。機位を確認した後、ブザーで「戦闘配置に付け」と指示。後部二〇ミリ銃座の射撃員には敵が撃ってきたら電探欺瞞紙を撒くように伝える。高度は約五〇〇メートル。主操の鈴木勝一一飛曹に手でもう少し高度を下げるように命じた。

ふと下を見ると海面に二、三本の白いウェーキが見える。さらに太いウェーキ一本を見つけた上飛曹は腕時計を見た。時に午前二時十五分。その直後、左下方から激しい対空砲火が撃ち上げられてきた。赤、白、青、黄の激しい光芒が機を包む。まるで花火の中に突っ込んだよう、目が眩む。主操が「機長、勘が狂いました」と叫ぶ。上飛曹は指揮官席から立ち上がりながら、「針路そのまま、高度もう少し下げろ」と叫び返す。上飛曹はここで機雷投下の配電盤の把丙を入れた。

爆弾倉扉が開き、四発のK2機雷が放たれると、一瞬機体がふわーっと浮いた。しかし総重量八〇〇キロ近い機雷を投下した割にはスピードが出ない。計器盤を見ると爆弾倉の扉が開いたままになっているではないか。偵察席の藤井兵曹に「馬鹿者、早く弾扉を閉めろ」と怒鳴りつける。と同時に操縦員に徐々に高度を上げながら、右旋回するように命じる。つまり沖縄本島を横断する形だ。

黒々とした沖縄本島には何箇所か火の手が上がっているのが見える。ようやく追ってくる対空砲火の火線も少なくなった。主操の牧兵曹が「機長、凄かったですね」とようやく血の気の戻った顔で話かけてくる。無理もない、野中上飛曹を除くとみな初陣のような者ばかりだ。敵の砲火の中をくぐりぬけたことなど初めてなのだ。

高度を二〇〇〇メートルに上げ、敵夜戦の追従を避けるためにいったん針路を真北にとる。今回の出撃は完全な無線封止だが、任務終了時のみ、無電の発信が許されている。野中上飛曹は主電信員の遠藤兵曹に「われ任務終了、帰途につく。敵の砲火熾烈なり」と打電するよう命じる。上飛曹は命じてから「敵の砲火熾烈なり」は余計だったかと思った。

割にあわない戦い

ほぼ前後して安西大尉機も沖縄上空に至った。低高度で水平飛行、という投下方法に忠実に従おうとしたことが大尉機の動きを制約した。激しい対空砲火が大尉機を包んだ。搭乗整備員の清水三郎上整曹は、前年の六月、硫黄島からサイパン・アスリート飛行場を爆撃した際、高角砲による被弾で急降下したときの悪夢が甦った。大尉は投下地点を推測しつつ、「この辺りか」というところで投下把内を回した。眩いばかりの火線と激しい振動に相当被弾したことは判った。清水上整曹から三、四、五番タンクが被弾、すでに燃料コックは切り替えたと報告があった。大尉機は気息奄々という有様で帰途に着いた。電信員の鈴木保上飛曹は「任務終了、帰途につく」と打電したものの、海面すれすれ近くまで降りて、決死の投下を行うのに、その場で効果が判らないのはなんとなく割に合わないと思った。

野中上飛曹機は帰途について、一時間近く飛んだ頃、搭整員が耳元で「機長、残燃料がわずかです」と怒鳴った。少し敵夜戦を避けるために遠回りしたのが響いたかと内心悔いたが、皆の前でそう言う事もできない。つとめて冷静を装い、「大丈夫だ、あと三〇分くらいで鹿屋に着く。ただ万が一に備えて不時着の準備をしろ」と命じた。搭整員には「燃料計に赤ランプがついたら連絡しろ」と命じ、前方を凝視した。

しばらくすると暗闇の中にうっすらと島影のようなものが見えてきた。図板と照合するとどうも開聞岳らしい。どんぴしゃりだ。上飛曹は思わず全身が熱くなった。ここまで来れば基地まではもうわずかだ。高隈山を左に見ながら誘導コースに入る。着陸コースに入ってから主車輪が地面に接地するまでがひどく長く感じられる。ドドッと車輪が地面を踏みしめ、機体が停止すると同時に地上整備員が駆け寄ってきて「スィッチオフ！」と叫ぶ。それを復唱する牧兵曹の声も心なしか弾んで聞こえた。

野中上飛曹はいっぺんに気が緩んだのか、飛行機から降りたとたん、足ががくがくして滑走路脇の草っ原の中に座り込んでしまった。出征のときに父から貰った軍刀を杖代わりにどうにか立ち上がり、指揮所まで報告に赴いた。

指揮所前に整列し、江口司令、町田飛行隊長に帰着の報告をする。司令は「ご苦労だった」とひと言。そして基地の電信員に「砲火熾烈なりと打ってきたのはこの機か」と聞いている。飛行隊長は「詳細は後で聞く、解散して休め」と労《ねぎら》った。

安西大尉機の清水上整曹は着陸してから、その被弾の多さに驚いた。無事な燃料タンクは一番と二番だけ。右翼の日の丸付近には四〇センチ近い大穴が開いていた。機体にも数え切れない程の穴があって、出迎えた地上整備員が目を丸くした。

K２機雷は投下後、海中に沈入してからおよそ二〇分で作動状態になり、浮遊後、障害物に接触しなかった場合、戦時国際法に基づき、約四日後に自沈するように設計されていた。したがって、作動状態になって敵艦艇が接触、爆発する光景を、投下した陸攻の搭乗員が見ることはまずあり得ない。戦果を自分の目で確認できないということは、機雷の構造上、仕方のないことであるが、危険を冒して任務についた搭乗員にはフラストレーションの溜まるものであったろう。

終戦間際、美保に近い皆生温泉で撮影された偵察七〇三の下士官兵。

安西大尉は鹿屋に帰投後、基地の通信士から、触雷したらしい取り乱したアメリカ艦艇からの平文（暗号化していない）の電文を受信したと聞かされ、何らかの戦果があったものと安堵したという。しかし残念ながら戦後の米軍の資料からは、その時期、触雷した艦艇があったという報告はない。

十一日の出撃では九機のうち、五機が任務終了を打電してきたというが、第一回目の機雷敷設に参加、途中天候不良で引き返した和田俊夫少尉機をはじめとして五機が未帰還となった。

戦果の判定もはっきりしない作戦に虎の子の陸攻を投入、その過半を喪失したことに五航艦は、爾後の機雷投下作戦を断念した。防禦砲火の熾烈な中を、わずか高度二〇〇メートルで四発の機雷を抱いた陸攻が直線飛行することなど、土台無理な話しである。結局、終戦まで航空機雷敷設という作戦が再度行われることはなかった。

しかし戦果の多寡、その成功の可否は別として、偵察七〇三飛行隊など、一部部隊が行った航空機雷投下作戦は、しっかりと歴史の中に刻み込まれるべきであろう。

不発に終わった
銀河最後の「烈」作戦

1945.6 − 1945.8

終戦後、木更津のハンガーに残されていた銀河を米軍が撮影した。いずれもぴかぴかの新品だ。

「ムカデ」と呼ばれた銀河

終戦も間近い昭和二十年七月末、一〇八一空の一員として、厚木から北海道の第二美幌基地に進出したばかりの河野光揚《こうのみつあき》上飛曹は、奇妙な一式陸攻に目を見張った。M3と呼んでいたその一式陸攻三四型は全面が濃緑黒色に塗られ、胴体内部に尾部銃座に向けて滑り台状のものが設置されていた。

敵の航空基地に胴体着陸するための機材ということで、胴着と同時に尾部銃座の風防がぱかっと外れ、滑り台を滑って切り込み隊が外に飛び出すのだという。つまり、乗っていく搭乗員も生還を期さない、強行着陸特攻である。「来るべきものが来た」というのが上飛曹の偽らざる気持ちであった。

一方第二次丹作戦に参加、進撃途中にエンジン不調で南大東島に不時着、生還した三野瑞穂上飛曹は、所属していた攻撃二六二飛行隊が六月十五日に解隊されると攻撃四〇五へ転勤。しかし長年の無理が祟《たた》って、転勤とほぼ同時に胸膜炎を患い、入院を余儀なくされる。河野上飛曹が第二美幌で奇妙な一式陸攻を見たのと同じ、七月も後半になって退院してきた三野上飛曹は、松島空で不思議な銀河を見つけて愕然とする。

銀河の腹、すなわち爆弾倉から何本も「足」が飛び出している。よくよく見ると斜め下向きに付けられた二〇ミリ機銃である。飛び出した「足」のせいで、爆弾倉の弾扉は閉めることができないように見えた。その不恰好な様に上飛曹は「百足《むかで》」を連想した。他の搭乗員や整備員もこの銀河をムカデ、ムカデと呼んでいる。そしてこの銀河でサイパン、グアムのB－29基地を襲撃するのだ、と聞かされて三野上飛曹はまたびっくりした。

マリアナ方面のB－29基地に対し、夜間にまず銀河による銃撃を行ない（烈《れつ》作戦と呼称）、敵基地を混乱に陥れた後、一式陸攻に乗った陸戦隊員が強行着陸、ゲリラ戦を展開（これを剣《けん》作戦と呼ぶ）しようとするこの作戦は、途中で作戦規模の変更があり、最終的には陸攻六〇機、銀河七〇機を使用するという、終戦間際に計画された作戦の中では最大規模のものであった。

一〇八一空の河野光揚上飛曹。北海道の第二美幌で剣作戦用に改造された一式陸攻を見た。

「剣」と「烈」の二作戦

銀河の爆弾倉に多数の銃を装備、地上を銃

撃するという試みはフィリピンでも現地の応急改造で行なわれたという話もあるが、海軍が組織的に研究しだしたのは昭和二十年に入ってからと推測される。二十年三月には硫黄島が陥落、同島を使ってのB－29空襲が行なわれるのではないかと考えた軍令部は銀河に多銃を装備し、攻撃することを検討していた。その線に沿い、航空本部は六月はじめに「銀河多銃装備（二〇粍一二挺）改造六月下旬二機完成予定、七月十五日マデニ二〇機改造ノ予定ヲ以テ整備促進中」と文書の中で報告している。

この改造機は実際には硫黄島攻撃に用いられることはなく、マリアナ方面の航空隊基地攻撃を企図したこの烈作戦に使用されることになる。

六月三十日、豊田副武軍令部総長は天皇に計画中の特殊作戦についての奏上を行なった。この際「剣、烈」作戦について次のように言及している。

「マリアナ」基地攻撃作戦

剣作戦――予テヨリ潜水艦ヲ以テスル上陸作戦ニ備へて準備セシ特別陸戦隊約二五〇名ヲ中型攻撃機約二五機ニ依リ「マリアナ」ノB－29基地ニ強行着陸ヲ敢行シB－29基地ニ於テ破摧セントスル挺身攻撃作戦ニシテ目下七月中旬以降月明期ノ夜間実施ノコトニ計画中ナリ

20年4月頃、松島基地で撮影された攻撃四〇五飛行隊の搭乗員。この後、烈作戦に参加する者と第四次丹作戦に参加する者とに分かれる。

烈作戦――銀河胴体下方ニ多数ノ機銃ヲ装備シ硫黄島及ビ「マリアナ」ノB－29基地ヲ強襲スル作戦ナルモ目下機材準備ノ関係ニテ使用機数時機等未定ナリ

そしてこの奏上と前後する六月二十四日、小澤治三郎海軍総司令長官は寺岡謹平三航艦司令長官に対し、作戦準備に入るよう命じた。

攻撃の主力となったのは、三航艦麾下の七〇六空であった。この当時、七〇六空は攻撃四〇五飛行隊の銀河と攻撃七〇四飛行隊の一式陸攻から編成されていたが、七〇六空の機材だけでは足りず、攻撃七〇八飛行隊や三航艦、五航艦、一〇航艦からも機材、搭乗員が編入された。当時一〇航艦所属の豊橋空飛行長であった巖谷二三男少佐は、六月二十三日木更津の三航艦司令部に出頭を命ぜられ、そこで「剣」、「烈」作戦の概要を聞かされた上でこの航空作戦の実施指導をするよう発令された。

当初の予定では一式陸攻に搭乗、敵基地に切り込む陸戦隊員として横須賀鎮守府所属の山岡大二少佐（兵六十三期）が指揮する呉鎮第一〇一特別陸戦隊三〇〇名、輸送する一式陸攻二五機、事前銃爆撃用の銀河三〇機が手配された。

銀河部隊の編成時期は判然としないが、第三次丹作戦の指揮官であった野口克己大尉が統率し、一五機が多銃装備機として、一五機が二式六番二一号爆弾一二個を搭載した爆装機として準備された。この二式六番二一号爆弾は、対地攻撃用に開発された親子爆弾で、弾対内に三六個の炸薬量五〇〇グラムの子爆弾を収め、投下後空中で飛散、広範囲に被害を与えるというものであった。

陸軍との協同作戦に

多銃装備機と爆装機の使用実験は航空本部が作成した「航空戦備資料」（二〇・八・一作成）によると七月十四、十五日の両日、横空実験部の手で行なわれた。多銃装備機は当初、九九式二〇ミリ機銃を二〇挺装備とされていたが、この日の実験では一七挺装備機が試射を行なった。発射率は初日が一三八発中一〇六発、二日目が五八〇発中四三五発で、機銃の調整及び整備法に若干の欠陥があり、としている。また発射高度も一〇〇メートル、二〇〇メートル、三〇〇メートルの三段階について実験が行

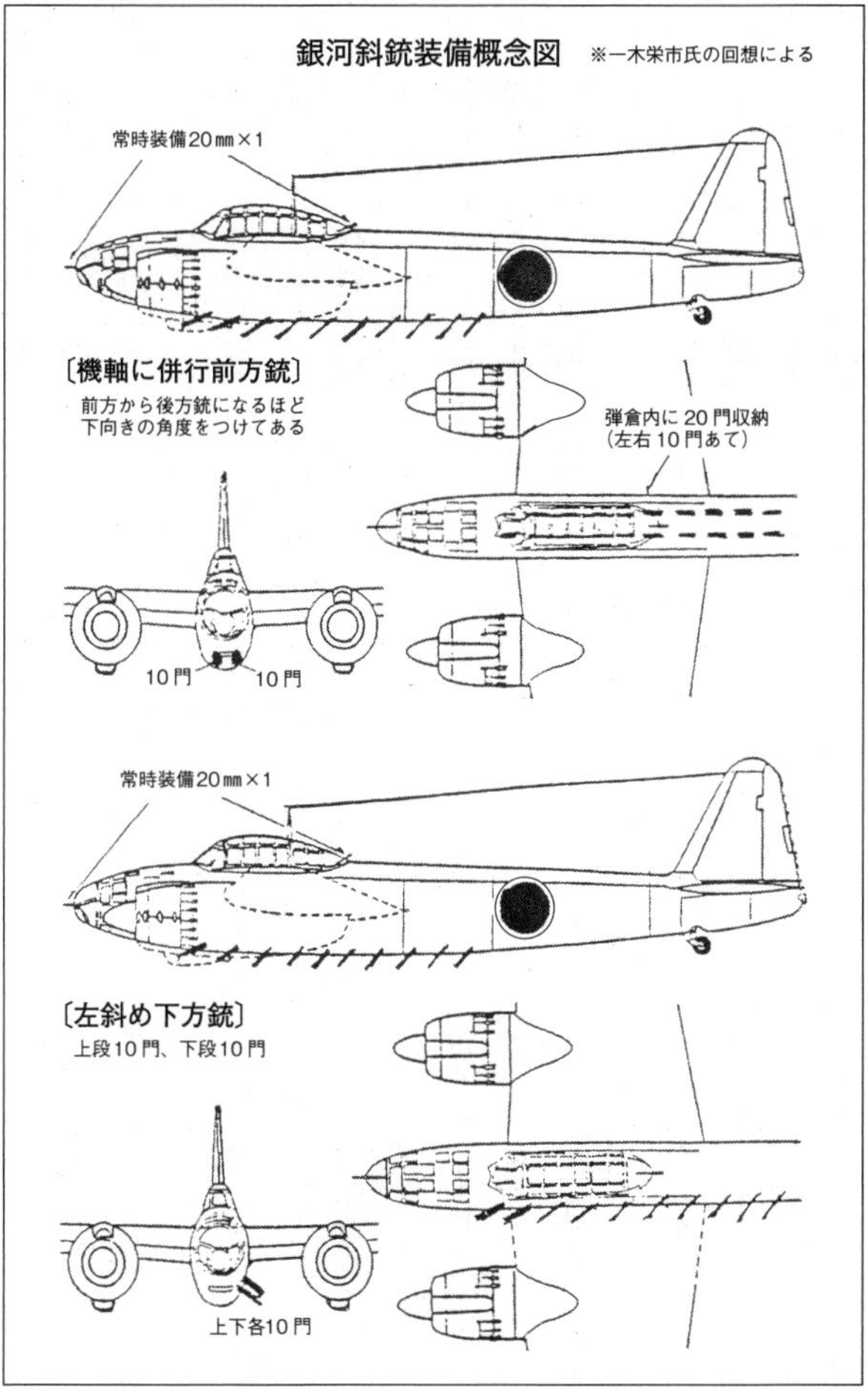
銀河斜銃装備概念図
※一木栄市氏の回想による
常時装備20㎜×1
〔機軸に併行前方銃〕
前方から後方銃になるほど
下向きの角度をつけてある
弾倉内に20門収納
（左右10門あて）
10門
10門
常時装備20㎜×1
〔左斜め下方銃〕
上段10門、下段10門
上下各10門

なわれ、有効弾の密度、射撃しうる長さの検討が行なわれ、B－29の掃射には高度二〇〇メートルが適当とされた。一方二一号爆弾の爆装機は不発弾が続出し、「現状デハ使用不可」の判断が下され、早急な対策が必要とされた。多銃の装備数については、二〇挺、一七挺、一二挺と諸説があるが、伊沢保穂氏の「初め二〇ミリ機銃二〇挺を取り付けて銃撃の訓練をはじめたが、故障が続出し、空薬莢が原因とわかって、一二挺に減らして成功した」（伊沢保穂『陸攻と銀河』P.438）という研究もある。

ところが烈作戦用の銀河が実験されていた十四日、三沢基地は米軍の艦載機の空襲を受け、剣部隊が使用する予定の一式陸攻はほぼ壊滅的な被害を受けてしまう。このため作戦の実施時期は、当初の七月下旬から次の月明時期である八月中旬以降に変更を余儀なくされてしまった。

しかしこの作戦延期と、戦況の急激な変化により、剣作戦部隊に、陸軍空挺部隊が参加することになり、陸軍の園田直大尉（戦後外務大臣）率いる第一空挺団の三〇〇名が第二剣作戦部隊として編成された。七月二十七日には豊田軍令部総長から三航艦に対し、一挙に陸戦部隊が倍増することによる使用機材の手当てが命じられた。輸送用の一式陸攻が五航艦と一〇一航戦から派出されることになり、銀河も銃、爆合わせて七〇機あまりの編成となることになった。一〇一航戦に所属する一〇八一空の河野上飛曹が第二美幌に進出を命じられたのも、第二剣部隊として陸軍空挺部隊をマリアナまで輸送するためであった。

輸送といっても、陸戦隊員を連れていって降ろしてくるのではない。自らも飛行場に滑り込み、陸戦隊員を脱出させた後は自分たちも銃や爆弾をもってゲリラ部隊の一員となって戦う、生還を期さない特攻攻撃なのである。ところが特攻を目指したのは陸戦隊員と搭乗員だけではなかった。

米軍の空襲を受ける三沢基地。剣作戦用の陸攻の大半が破壊され、作戦は延期となる。

整備員の特攻隊

豊橋空付の銀河整備員であった常《とこ》世《よ》田《だ》健《けん》二等整備兵曹は、松島に行くように命じられ、引率の中尉ほか三〇名あまりの下士官とともにいたるところで切断された鉄道を乗り継ぎ、松島空に着いた。七月も後半になってからのことである。やはりそこで見たのは、本来魚雷や爆弾を積むは

常世田健二整曹。海兵団入団前、横須賀の空技廠に勤務しており、そこで開発中のY－20と呼ばれていた銀河を見た。

ずの爆弾倉に機銃を積んだ異形の銀河。常世田氏の記憶によれば、その積み方も機軸に対して平行に二挺ずつ並べられたものと、二〇度右に傾けられたもの、二〇度左に傾けられたものなどがあったという。つまり三機が編隊を組み、一斉に射撃した場合に同一のB－29の列線に砲火を集中できるように作られていたのではないか、とは常世田の推測だ。

毎朝四時に起きて銀河の整備に明け暮れる常世田二整曹が、作戦実施予定の間近になって聞いたのは、「整備員も特攻隊員として銀河に同乗、サイパン、マリアナに行く」という噂であった。一式陸攻には搭乗員整備員が同乗するが、三人乗りの銀河は通常整備員は乗れない。機内が狭く、いったん搭乗したら内部を行き来できない銀河では、整備員が同乗して行ってもほとんど何もできないことはよく分かっていたが、「仲間が死んで、自分たちだけが生き残ることが許せなかったんでしょうね。私も指名されたら行く覚悟でした」。

その噂は本当であった。K四〇五の整備分隊長であった南坊喜秀大尉が、戦後その経緯を回想録にまとめている。大尉は昭和十九年六月に整備学生を終了してから台湾沖航空戦、フィリピン作戦、沖縄作戦と一貫して銀河の整備をやってきたが、松島に到着したのが二十年六月のこと。やはり「ハリネズミ」のような銀河を見て、この作戦が最後の戦いになるだろうと直感、「これはわが航空隊、並びに銀河隊最後にして最大の作戦と思う。最近は遠距離攻撃のとき、エンジン不調とか整備不良とかで引き返す飛行機が多くなったので、今度の大事な作戦で整備不良のために一機も引き返すことがないように整備員も特攻隊となり、ともに銀河に同乗して攻撃に参加したい」旨、司令部に懇請し、受け入れられたという。大尉は下士官と次男坊の優秀な整備員二二名の希望を募り、自分たちを含めた二四名のリストを作って「整備特攻隊」として司令部に提出したという。

実戦さながらの演習

第二剣部隊の中心となる陸軍空挺部隊が千歳に進出した八月六日、三沢基地では第一剣部隊の総合演習が実施された。

小澤海軍総隊司令長官、寺岡謹平三航艦司令長官、大西瀧治郎軍令部次長に加え、

高松宮殿下まで視閲するという様子に海軍の並々ならぬ期待が感じられる。高松宮は五日に厚木から零式輸送機で小澤長官、大西次長らに加え阿金一夫大佐、寺井義守中佐ら軍令部員とともにまず松島に行き、烈部隊を閲兵したあと、この日の昼に三沢に着いたのであった。

夕方から始まった演習は実戦さながらであったという。一式陸攻が低空で進入し、滑走路に滑り込むと米兵の軍服を模した戦闘服を着た陸戦隊員が後部の機銃座から飛び出し、飛行場の一隅に設置された実物大のB－29の模型に吸着爆弾を仕掛け、退避する。時限発火装置が作動し、爆発が起きるころには次の陸攻が着陸する、という順序で延々と三時間におよんだ。この夜の検討会は航空と陸戦に分かれ、午前三時ごろまで続けられた。

六日の広島、九日の長崎と相次いだ原爆投下に海軍総隊は急遽、グアム、サイパンに対する攻撃目標にテニアンを加え、その攻撃隊区分は最終的に次のように決められた。

グアム――山岡少佐指揮　第一剣の二〇機　陸戦隊二〇〇名
サイパン――園田大尉指揮　第二剣の二〇機　陸戦隊二〇〇名
テニアン――山内一郎中尉指揮　第一剣から一〇機、第二剣から一〇機　陸戦隊二

〇〇名
烈部隊は三六機を銃撃隊として指揮官にはK四〇五の野口克己大尉が、爆撃隊として三六機、指揮官に土岐宗男大尉が選ばれた。烈部隊は銃爆撃後、トラックに向かうことになっていたが、ほとんどの搭乗員はそのまま敵基地に滑り込むか、自爆する覚悟であったようだ。

離陸する銀河。銃撃を実施するときもこのような姿勢で行なったのだろうか。

しかし米軍も日本側のこの攻撃計画を察知、再び八月九日には東北地方が艦載機の攻撃を受ける。この日の攻撃が日本軍のマリアナ攻撃を事前に封殺するためのものであったことは、戦後の米軍側資料からもはっきりしている。通信諜報、並びに捕虜となった日本側搭乗員からの情報で判断していたのであろう。この攻撃で再び陸攻三〇機あまり、銀河二〇機に損害を出してしまう。

国破れて銀河あり

八月十五日、第二剣部隊の河野上飛曹は第二美幌の兵舎前で玉音放送を聞いた。「堪ヘ難キヲ堪ヘ……」の言葉に敗戦を直観。一瞬、生き延びたという思いと無念の思いが交錯し、放心状態となった。すぐに飛行記録やチャート、エンジン来歴簿、個人の航空記録などの焼却を命じられた。「皇族(高松宮のことか)の係わった作戦なので、すべての関連書類を焼却するように」と言われ、「鵬《おおとり》特別攻撃隊(河野上飛曹によれば、第二剣とは呼ばず、このように呼称していたという)」と大書したライフジャケットまで火にくべたという。その後ただちに本属の厚木に戻るように指示され、慌ただしく第二美幌をあとにした。

松島にいた常世田二整曹は格納庫前に整列を命じられ、そこで機体から外された無線機で玉音放送を聞いた。その瞬間、命をかけた四年間は何だったのかという思いがどっと溢れ、涙が頬を伝ったという。その後反乱軍のいる厚木に行こうという者たちもいたが、いろいろな残務をこなし、豊橋に戻ったのは八月も末に近かった。

第一剣部隊の主力がいた三沢基地では、八月二十二日午前〇時、マリアナ突入のその時刻に部隊の解散式が行なわれた。軍艦旗と部隊の表徴として仰がれてきた木製の

終戦時の松島基地。手前に銀河、後方に一式陸攻が見える。いずれも烈作戦、剣作戦用に用意されたものだったのだろう。

大剣を満月の下で焼いた。捧げ銃の中、紅蓮の炎に包まれる軍艦旗を見て隊員たちは号泣したという。剣部隊の終焉であった。

果たして剣、烈作戦はどのくらいの成功の可能性があったのであろうか。直線でも一三〇〇カイリ（二四〇〇キロ）あるマリアナ諸島まで、一式陸攻の場合で七名の搭乗員に八名の陸戦隊員、中隊長機にはオートバイ、ほかの機には自転車、それに爆薬、食料などを搭載して超荷重状態の約一五・五トンとなった機体をすでにベテラン搭乗員が少なくなった中、どのように到達させるのか。銀河も状況はまったく同じ、爆弾を積まない多銃装備機でも九九式二〇ミリ機銃一二挺に全

終戦後、米軍が撮影した銀河。爆弾倉の下にヒレのようなものが見える。烈作戦用に改造された一機なのだろうか。

弾装備すると一トンを超える重さとなり、それに燃料を満載すると離陸すら難しい状態であった。

そのような機体を操って、レーダー網の完備された米軍基地に突入することがどのくらい可能なのか。

八月九日の空襲を見ても米軍がこの作戦の計画をほぼ掌握していることは間違いなく、その中に突入していくことは相当の危険をともなうものであったろう。いまとなっては、南坊大尉が戦後手記で述べているように、終戦によって剣、烈作戦に参加する予定だった八〇〇名の命が救われたことをもって、よしとすべきではなかろうか。

南坊大尉はいったん終戦前日木更津に

戻ったのち、再び松島に帰って、終戦処理を担う。九月下旬米軍が松島に進駐、銀河二機を米軍に渡すために整備、横須賀に送り出したのち、残る武装解除された銀河にガソリンを掛けた。火を放つと銀河は激しい黒煙を上げて燃え上がる。大尉の頬に滂沱の涙が流れた。

中攻雷撃隊の栄光と落日

1941.12 − 1945.8

一式陸攻に整備員が魚雷を積み込む。新聞社が配信したよく知られた写真だが、よく見ると一式陸攻の排気管が単排気管になっていることから、一一型の後期の機体であると推測される。

マレー沖海戦でイギリス東洋艦隊を撃滅し、束の間の栄光の日々を飾った海軍中攻隊は、その後絶望的な戦いに送りこまれていく。搭乗員たちに「決死」を覚悟させた戦いの実相をその証言で振り返る。

中攻の雷撃はどのように計画されたか

中攻での雷撃を命じられた搭乗員たちは多くが、「ああ、これで俺も年貢の納め時か」と思う一方で、「よし、やってやるぞ」という闘志も湧いたという。雷撃は生きて帰れない、決死の作戦だという認識が昭和十七年の後半には搭乗員たちの間に広まっていた。伊藤徳三《いとうとくぞう》もそう思った一人だ。昭和十八年一月二十九日、当時二飛曹だった伊藤はラバウル・ブナカナウ飛行場で、機長から今晩薄暮雷撃を行なうと聞かされた時、もう生きて帰れないと観念した。二飛曹は乙飛十一期出身の偵察員で、前年十二月初めに七〇一空に着任したばかりだった。

そもそも中攻による雷撃作戦はどのように始まったのだろうか。日本海軍は陸上から発進して敵艦隊を攻撃する「陸上攻撃機」という他に類を見ない機種を作り上げた。

魚雷を搭載して飛行する九試中攻。陸上攻撃機の誕生だ。

ワシントン、ロンドンと二回にわたる軍縮会議で、主力艦、補助艦艇の数量を対米英七割以下とされた我が国は、その不足を補うため西太平洋に点在する島嶼から敵艦隊を攻撃する航空兵力の開発に力を注いだ。

その際に必要とされたのは雷撃が可能な運動性と、半径一〇〇〇カイリ程度の航続力であった。構想に基づき完成したのが九六式陸上攻撃機（九六陸攻・昭和十一年制式採用）と、その後継機である一式上攻撃機（一式陸攻・十六年制式採用）である。この二機種は中攻と呼ばれた。これは海軍が四発の大型陸上攻撃機、略して大攻を別に開発していたからである。しかし結局、大攻はわずかに生産された九五大攻を除き、実用化されなかった。
中攻は操縦員二名、偵察員一名、電信員二名、搭乗整備員二名の計七名が一般的な搭乗配置で、洋上を飛行、敵艦を魚雷または爆弾で攻撃する。九六陸攻は採用直後の昭和十二年七月、支那事変（日中戦争の当時呼称）が勃発したため、実戦に投入されたが、その任務は本来の艦船攻撃とは異なり、奥地の敵軍事施設を爆撃することだった。後継機の一式陸攻も昭和十六年夏には中国大陸の戦場に投入されたが、その初陣も軍事施設の爆撃だった。

輝かしい勝利

中攻隊の最初となる雷撃作戦は輝かしい勝利の日となった。太平洋戦争開戦三日目となる昭和十六年十二月十日、イギリス本土から回航されてきた英国東洋艦隊の最新鋭艦プリンス・オブ・ウェールズ（以下、ウェールズ）と巡洋戦艦レパルスに対する攻撃が海軍中攻隊に命じられた。攻撃に参加した元山空、美幌空はともに九六陸攻で計五九機、鹿屋空は一式陸攻二六機。うち九六陸攻は二五機が雷装、残り三四機が爆装、一式陸攻はすべて雷装であった。これ以外に元山空は索敵機として九六陸攻九機を出撃させている。

攻撃部隊は先発した偵察機に続き、七時五十五分に元山空がサイゴンから、八時十四分に鹿屋空がツドウムから出撃した。美幌空は鹿屋空に続いて中隊毎に発進した。雷装した機体は九六陸攻が九一式航空魚雷改一、一式陸攻は同改二を積んでいた。改二魚雷は改一の炸薬量を一四九・五瓩から二〇四瓩に増加したもので、浅海面雷撃が可能なように改良されたものだった。

攻撃部隊は航空隊毎に別々に進撃した。この時期、攻撃部隊が空中で無線によって連携を取るということは技術的にかなり難しかった。偵察任務に当たっていた元山空の帆足正音中尉が英国艦隊を発見したのは午前十一時四十五分。巡航速度の速い一式陸攻の鹿屋空はすでにこの時点でマレー半島の南端に到達し、反転しているところだった。帆足機からの「敵発見」電は、直接受信できた機もあったが、多くは司令部から中継された電文で敵の位置を確認し、会敵予想地点へと向かった。

初めに美幌空の白井義視大尉が率いる第一中隊がイギリス艦隊を発見、攻撃を行なった。白井中隊は二五〇キロ爆弾二発を搭載。午後〇時四十二分、高度三〇〇〇メートルから二番艦のレパルスに対し投弾、一発を見事右舷後部に命中させた。

魚雷を最初に放ったのは元山空雷撃隊だった。雷装の元山空第一中隊と第二中隊は午後一時二分、敵艦隊に到達した。第一中隊一小隊二番機の機長・大竹典夫一飛曹は、指揮官機に続き戦闘海域に突入した。事前の打合せ通り指揮官の石原薫大尉機が一番艦のウェールズに向かうのを確認した一飛曹は、二番艦に狙いを定めた。高度二〇〇メートル、目標との距離五〇〇〇メートル付近から激しい対空砲火に見舞われた。「これが噂に聞くポムポム砲か」とその激しい弾幕に驚いたが、海面ぎりぎりまで高度を下げると、射弾は上空を通過していくように思えた。敵との距離を偵察員の富田三夫一飛曹が読み上げる。「一〇〇〇メートル」の声に大竹は「落とせ」と怒鳴った。副操縦員の藤原聖一飛が投下桿を引いた。八〇〇キロの魚雷が投下されると機体が浮き上がった。一時十四分のことだった。元山空第一中隊、第二中隊は計一七本の魚雷を放ち、うち二本がウェールズの右舷に命中したとされる。

この直後の一時二十分、美幌空唯一の雷装部隊である高橋勝作大尉率いる八機が戦場に到達した。この中隊の一小隊二番機には甲飛二期出身の偵察員・横山一吉一飛曹が搭乗していた。横山一飛曹機もレパルスに照準を合わせ突っ込んだ。横山一飛曹が「距離一二〇〇、落とせ」と叫ぶと、主操の岩本秀雄一飛曹が「まだまだ」と言い返し、結局八〇〇と読み上げた時、岩本一飛曹が「落とせ」と叫んだという。対空砲火をものともしない岩本一飛曹の胆力に横山は感服した。魚雷を投下した機はすぐさま敵艦上空を通過するため、自分の放った魚雷が命中したかを確認することは難しい、特に後部銃座のない九六陸攻では後方を見ることは至難の業だった。しかし高橋中隊は八機で三本の魚雷を命中させたと報じた。

全機雷装の鹿屋空が傾斜しつつあるウェールズを発見したのは午後一時四十八分のことだった。事前の打合せで第一中隊は一番艦、第二中隊は二番艦、第三中隊はその時点で被害が少ない方と決められていた。第三中隊長の壹岐春記大尉は迷うことなくレパルスに向かった。大尉の率いる第一小隊は左舷側にまわり、二小隊、三小隊は右舷側に付いた。理想的な挟撃の形だ。大尉は高度二五メートルで突進し、偵察員の矢萩友二飛曹長の「距離八〇〇」で魚雷の投下鈕を押した。一式陸攻は魚雷の投下は操縦桿に付いている鈕を押す形に変わっていた。

壹岐大尉機がレパルスの艦首目前で反転して退避した時、副偵察員の前川保一飛曹が「当たりました」と報告し、機内では期せずして万歳の声が上がった。鹿屋空はウェールズに四本、レパルスに五ないし六本の魚雷を命中させたと報じた。

すべての魚雷攻撃が終了した後、爆装した美幌空の第二中隊と第三中隊が戦場に到着、すでに傾きつつあった敵艦に投弾して帰途に就いた。レパルスは午後二時三分、ウェールズは午後二時五十分に沈没した。日本側はウェールズに魚雷七本、五〇〇キロ爆弾二発を命中させ、レパルスには魚雷一四本、二五〇キロ爆弾一発を命中させた

マレー沖海戦で被弾した鹿屋空第二中隊の東森隆大尉機。12月10日の晩に撮影されたものと推定される。

と判断した。このことからも魚雷の命中率が水平爆撃よりかなり高いことがわかる。

この攻撃での日本側の被害は、元山空の九六陸攻一機、鹿屋空の一式陸攻二機が自爆したに留まったが、墜落こそしなかったものの被弾した機体は多数あった。

マレー沖海戦は海軍中攻隊にとっては栄光の日となった。航行中の主力級の艦艇を航空機の攻撃だけで撃沈したことは史上初めてであり、陸上から対艦攻撃を行なうという中攻本来の目的を初めて果たしたのであった。攻撃が成功した理由はいくつかある。各航空隊の連携はなかったものの、期せずして八四機の陸攻が波状攻撃を仕掛ける形になったこと、英国海軍が日本の航空兵力の術力を侮っていたこと、そしてこれが最大の要因だが英国側に上空掩護の戦闘機がいなかったことである。
しかしこの鮮やかすぎる勝利が、後に雷撃至上主義として海軍中攻隊に重くのしかかってくる。

魚雷がない

ところがこの後、中攻隊はなかなか有効な雷撃戦を行なえなかった。開戦当初、魚雷の生産が間に合っていなかったのである。また精密機械である魚雷は、機銃や爆弾などとは異なった管理、整備が必要であり、専門の教育を受けた整備員の養成も遅れていた。その結果、雷撃攻撃の機会を逃してしまうのである。

昭和十七年二月一日、エンタープライズを基幹とする米軍の第8任務部隊はマーシャル諸島のタロアを空襲したが、タロアには魚雷の準備がなく、在地していた九六陸攻は陸用爆弾で反撃を試みるしかなかった。同じく二月二十日、ラバウルに対して空襲を行なおうとしたレキシントンに対し、四空の一式陸攻一七機が攻撃を行なったが、この時も魚雷が間に合わなかった。仕方なく一式陸攻は陸用爆弾で水平爆撃を敢行したものの、有効弾を与えることができずに逆に一五機を撃墜されてしまう。

空母同士の初の海戦となった珊瑚海開戦に際しても、五月七日ラバウルから四空の一式陸攻一二機と元山空の九六陸攻二六機が連合軍の巡洋艦、駆逐艦から成る護衛艦隊攻撃に向かったが、魚雷を搭載できたのは四空のみ。元山空は魚雷の準備が間に合わず、爆装だった。この攻撃で雷撃を行なった四空は八機を撃墜され、戦果は皆無だった。

この反省に立って、海軍は魚雷の運用を迅速化するため、それまで各航空隊の兵器科に付属していた魚雷班を独立させ、魚雷調整班として各地に配置するように制度を改めた。

南東方面——陸攻の墓場

しかし中攻搭乗員たちが雷撃の本当の困難さを思い知らされるのは十七年八月七日に始まるガダルカナル攻防戦においてだった。米軍上陸の翌日となる八日、南東方面の航空戦を統べる第二十五航空戦隊は、ラバウルにいた四空一七機に急遽テニアンから進出してきた三沢空の九機を加え、ツラギ沖の米輸送船団への雷撃攻撃を命じた。

午前九時五十分、雷撃隊は輸送船団を発見、途中引き返した三機を除く二三機が雷撃針路に入った。その時の光景が米軍によって撮影されているが、雷撃隊の高度は五〜一〇メートルくらいしかない。マレー沖海戦の時よりもはるかに苛烈な対空砲火と、

一式陸攻への魚雷搭載作業。魚雷運搬車で機体の下まで搬入し、吊上げる。この作業には1時間以上を要したという。

上空警戒のグラマンによる攻撃により、攻撃に参加した二三機中一八機を失った。恐るべき被害だ。しかし帰投した中攻隊は重巡二、駆逐艦二、輸送船一〇を撃沈したと報告した。翌九日にも三沢空の一式陸攻一六機が雷装でルンガ沖の輸送船団攻撃に向かい、重巡二隻に魚雷命中を報じたが、これは前日の手負いの駆逐艦に命中弾を与えただけだった。この戦闘で二機が自爆する。

司令部は二日間の戦果報告から被害は大きかったものの、敵に痛打を与えたと判断した。実際の米側の被害は駆逐艦ジャービスが沈没、輸送船一隻に魚雷が当たっただけだった。

この過大な戦果報告により、司令部は

アメリカ艦隊を撃退したと判断、被害は大きかったものの、攻撃は有効であったとして、中攻隊をさらなる雷撃戦に駆り立てることになる。

この後も十一月十二日の第三次ソロモン海戦に於いて、七〇五空（旧三澤空）、七〇三空（旧千歳空）、七〇七空（旧木更津空）から成る二〇機の混成部隊がルンガ泊地の輸送船団攻撃を実施するが、一機が重巡サンフランシスコに体当たりを果たしたのみで一四機を失った。搭乗員たちの間に中攻での雷撃が決死作戦だという意識が広まっていった。

海軍、夜間雷撃を決める

しかし度重なる雷撃戦での被害に、陸上航空部隊を統括する第十一航空艦隊司令部も、中攻による昼間雷撃は被害が大きいと判断、黎明または薄暮の雷撃に切り替えることを決めた。その最初となったのが冒頭に触れた伊藤徳三二飛曹の参加した昭和十八年一月二十九日のレンネル島沖海戦だった。

この日、偵察機がガダルカナル島に物資を運ぶ輸送船四隻とそれを護衛する重巡ウィチタなど重巡三、軽巡三、駆逐艦八からなる第18任務部隊を発見、艦隊司令部に通報してきた。これに対してラバウルにいた七〇一空の九六陸攻一六機、七〇五空の一式陸攻一六機に薄暮雷撃の命令が下った。

飛行長の檜貝襄治少佐が率いる七〇一空がブナカナウを離陸したのは午後〇時四十五分。それに遅れること三〇分、七〇五空の中村友男飛行隊長の指揮する一式陸攻が発進した。一小隊二番機を操縦する松田三郎上飛曹は、「よし、雷撃こそ操縦員の腕の見せ所だ」と決死の覚悟を固めたという。速度に勝る七〇五空の一式陸攻は、イザベル島南方、高度二五〇〇メートルで七〇一空の九六陸攻を追い抜いた。九六陸攻の側方銃座からその様子を見ていた伊藤徳三二飛曹は、一五機まで数えて頑張れ、頼むぞと思う一方、自分たちの獲物が残されていないのではと少し不安になった。

先に戦場に着いた七〇五空が雷撃の襲撃運動に入ったのは午後五時十六分。この日の日没は四時五十分だったので、すでに夜の帳《とばり》が降り始めている。攻撃はまったくの奇襲で、最初は対空砲火も無かったという。

松田上飛曹は指揮官機が大きな檣マストの戦艦と思しき船に突っ込んで行くのを見て、隣の艦を目標にした。敵艦との距離が二〇〇〇メートルまで近づいた時、轟然と対空砲火が始まった。歯を食いしばって一〇〇〇メートルを切ったところで魚雷を投下、退避運動に入った。

七〇一空は約一〇分遅れて敵艦隊を発見、雷撃態勢に入った。二中隊を指揮する近藤計三中尉は、檜貝機がバンクするのを確認、高度を下げつつ列機を好射点に誘導しようとした。しかし海面が近づくにつれ暗さが増し、敵艦を視認することは困難になった。一瞬、吊光弾が見えたような気がしたが、間もなく暗闇になり、想像上の敵艦の位置に突っ込むしかなかった。続いて対空砲火が始まり曳痕弾の火網が眼前を覆い、中尉の眼は瞳孔が拡散して何も見えなくなった。結局、射撃源の方向に向かって魚雷を放ち、敵艦の上空を通過、退避した。この攻撃で七〇一空の指揮官機が敵艦に体当たりして自爆、さらにもう一機が行方不明となっている。

日本側は戦艦二隻撃沈、巡洋艦二隻撃沈と戦果を発表したが、実際は重巡シカゴが被雷、中破しただけだった。巡洋艦ルイスビルとウィチタにも魚雷の命中弾があったというが、いずれも不発だった。米軍はこの戦いで初めて目標に接近するだけで起爆する近接信管を中攻隊に対して使用した。これによって対空砲火の威力ははるかに高まったとされる。

この戦いには続きがある。第18任務部隊はガダルカナル島への物資揚陸を断念し反転、シカゴはルイスビルに曳航されてサントに向かったが、これを翌朝バラレから発進した偵察機が発見、艦隊司令部に通報した。この報に司令部はカビエンからブカに前進していた七五一空(旧鹿屋空)の一式陸攻に対し、追撃待機するよう命じる。

この前夜、カビエンにいた第十三魚雷調整班の猪瀬六蔵二整曹は七五一空の一式陸攻に魚雷搭載を行なった。「搭載したのは九一式航空魚雷改三です。魚雷を一本積むのに一二、三人がかりで三〇分はかかります。魚雷はいったん格納庫からチェーンブロックで魚雷運搬車に積んで機材のある掩体壕まで運び、機体の近くで台車に移し換えて取付けるのですが、一式陸攻は爆弾倉がある分、九六陸攻に比べて魚雷懸吊作業が面倒でしたね」。猪瀬二整曹は自分が調整した魚雷を積んだ中攻が掩体壕から出て列線に向かうのを「しっかりやれよ！」と帽振れで見送った。一一機の中攻はブカに向かって飛んでいった。

艦隊司令部はこの日の出撃は昼間雷撃になる可能性が高く、命令を躊躇していたが、魚雷を積んだ一一機の一式陸攻は航空戦隊司令部との連絡がうまくつかないまま午前十時十五分、ブカを離陸してしまった。

午後二時十五分、飛行長の西岡一夫少佐の率いる一一機は敵艦隊を発見、雷撃針路に入った。しかし上空には護衛空母とエンタープライズのグラマンが待ち構えており、大乱戦となった。この攻撃で七五一空は重巡シカゴに四本と、駆逐艦ラ・バレットに一本の魚雷を命中させ、シカゴを沈没させた。しかし攻撃部隊で帰投できたのは四機のみ、うち一機はムンダに不時着、ブカに戻った三機のうち二機も片発だった。もはや昼間雷撃は不可能だった。

しかし活路を求めた夜間雷撃も決して効果的とは言えなかった。すでに米軍はレーダーによって夜間でも事前に日本機の来襲を認識できており、逆に日本側は目標を確実に捉えることができない上、戦果判定も困難で過大な戦果報告を生む原因となった。レンネル島沖海戦の二週間余り後、二月十七日サン・クリストバル島沖を航行中の大型輸送船に対し、再び七〇一空の九六陸攻が夜間雷撃を実施した。雷装した一六機は午後五時五十四分、猛然と敵艦隊に突撃したが、第二中隊を率いた近藤計三中尉によれば、この日の状況はレンネル島沖海戦の時よりひどかったという。輸送船が島影と重なり、ほとんど視認できない。中尉は再び、火線を発する方向に魚雷を投下して帰投するしかなかった。この攻撃で第一中隊長の白井義視大尉機を含む五機が帰らなかった。日本側は輸送船一、駆逐艦二を撃沈した判定したが、米軍に実際の被害はなかった。この戦いを最後に七〇一空はラバウルで解隊されることになる。

絶望的な戦いは続く

十八年六月二十日、中部ソロモンのレンドバ島に上陸を敢行した米軍に対し、在ラバウル中攻隊に輸送船団の雷撃が命じられた。ブナカナウから出撃したのは七〇二空

昭和18年9月4日、七〇二空の陸攻がラエ沖の敵輸送船団雷撃攻撃に向かう。

の一八機と七〇五空の九機の一式陸攻。まったくの白昼雷撃である。午後一時三十五分、ブランチ水道を航行中の輸送船団に対し雷撃を実施した。上空には五〇機以上のグラマンが待ち構えていたという。日本側は駆逐艦二、輸送船五の撃沈を報じたが、実際の米側被害は輸送船一隻だけだった。逆に日本側は二〇機が未帰還となった。またしても司令部は勝算なき戦闘に中攻隊を送り込んだ。

中攻隊のソロモン方面での最後の雷撃戦となったのは、十一月五日に始まった五次にわたるブーゲンビル島海戦だった。十月二十七日、米軍がショートランドの鼻先のモノ島に上陸すると、連合艦隊は「ろ」号作戦を発動、空母艦載機をラバウルに進出させ、第十一航空艦隊の陸上機と協同して米軍に対して反撃を試みる。中攻隊が雷撃戦を行なったのは十一月八日の第二次ブーゲンビル島沖海戦からだ。七五一空と七〇五空の計一六機の一式陸攻が出撃した。攻撃隊は薄暮を狙って戦場に突入、戦艦三、駆逐艦一を撃沈したと報告したが、味方五機が未帰還となった。実際の米軍の被害は軽巡洋艦バーミンガムが被雷したにとどまった。

十一月十二日、七〇二空の一式陸攻七機が午前二時二十分から三十五分にかけ、米艦隊を雷撃、中型空母一、戦艦一を撃破、巡洋艦一を撃沈したと報じた。実際は重巡デンバーが被雷、泊地に曳航された。これは第四次ブーゲンビル島沖海戦と呼ばれる。十六日には第五次ブーゲンビル島沖海戦が生起した。七五一空六機、七〇二空三機の陸攻は雷装してショートランド沖の空母攻撃に向かった。七五一空の五機が午前二時二十分から雷撃を実施、大型空母一、戦艦一、巡洋艦または駆逐艦一を撃沈したと報じたが、二機が未帰還となった。このブーゲンビル島沖海戦における夜間雷撃が南東方面で中攻隊が組織的な雷撃戦を行なった最後となった。

戦場は中部太平洋に

第十一航空艦隊の眼がブーゲンビル島に注がれていた十一月十四日、米軍は大挙して中部太平洋のマーシャル諸島に攻撃を仕掛けてきた。ギルバート諸島攻略のガルバニック作戦の開始である。この方面に展開していたのは旧元山空が改称した七五五空だった。二十一日、米軍はタラワ、マキン、アパママに上陸を開始、それに対して七五五空の一式陸攻一六機がルオットを発進、薄暮雷撃を挑んだ。攻撃隊は七機の未帰還を出したものの、空母二、駆逐艦一を轟沈、空母一、戦艦または巡洋艦一を大傾斜させたと報じた。実際は空母インディペンデンスが被雷しただけだった。これは第一次ギルバート沖航空戦と呼称された。

この後、消耗した七五五空に替わって野中五郎少佐の率いる七五二空がルオットに進出した。七五二空は二十六日から二十九日まで三回の雷撃戦を敢行し、空母六隻、戦艦一隻、巡洋艦二隻を撃沈したと報告した。味方の被害は自爆八機。この大戦果に軍令部は米軍の進攻を阻止したと誤判断した。しかしこの間の米軍の被害は潜水艦によって撃沈された護衛空母一隻のみだったとされる。

この後、十九年二月〜三月の米機動部隊マリアナ来襲、パラオ空襲に際しても七五三空、七六一空の中攻が散発的な雷撃を行なったが、目立った戦果を上げることはできなかった。中部太平洋の島嶼から西進してくる敵艦隊を攻撃阻止するという漸減邀撃戦略は実効性をもって果たされることはなかった。

台湾沖航空戦、幻の大戦果

海軍中攻隊が組織立った雷撃戦を行なったのは、米軍のフィリピン攻略に先立って行われた昭和十九年十月の台湾沖航空戦が最後であった。軍令部はこの戦いに特別に演練されたT攻撃部隊を投入、一挙に戦局の挽回を図ろうとした。電探を備えた最新鋭の機材で敵機動部隊に奇襲攻撃を加えるという計画である。中攻隊からは攻撃七〇八飛行隊、攻撃七〇三飛行隊が加わり、さらに陸軍の九八戦隊も雷撃作戦に参加した。

米軍は十二月十二日、フィリピン上陸に先立ち、台湾各地の飛行場を機動部隊から発進した一三〇〇機余りの艦載機で襲った。これに対して攻撃七〇三が一八機を宮崎から、攻撃七〇八が一五機を鹿屋からそれぞれ発進させた。攻撃七〇三の指揮官機江川廉平大尉機の搭乗整備員だった小島忠夫上整曹は、出撃に際して指揮所前で恩賜の酒を注いでもらい、別杯を交わした。小島上整曹の乗機は電探を装備した最新のM2と呼ばれた一式陸攻だった。「もうこれで最後だと逆に清々しい気持ちになりました」。鹿屋からは銀河、天山、陸軍の重爆も敵を求めて発進した。

攻撃七〇三は暗くなりかけた午後七時二十分戦場に到達、空母を含む機動部隊に雷撃を敢行した。小島上整曹は雷撃直後、陸攻の側方銃座から後方を確認、空母から黄

台湾沖航空戦で敵艦隊攻撃に鹿屋を出撃する攻撃七〇八の一式陸攻。

色い煙が湧き、続いて火柱が上がるのを確認、機内では「やった、やった」と大騒ぎになったという。高雄の第二航空艦隊は各攻撃部隊の戦果を総合して、この日空母二隻を撃沈破したと判断した。しかしこの攻撃で七〇三は一〇機、七〇八は一四機を失った。

翌十三日、攻撃七〇八は一九機を、攻撃七〇三は八機をそれぞれ九州南部から発進させ、石垣島南方の機動部隊に攻撃を行なった。この攻撃で七〇八は空母三隻を撃沈、七〇三は戦艦、巡洋艦各一を撃沈破したと報じた。実際、米軍の重巡キャンベラは一式陸攻の雷撃を受け大破している。一方で攻撃部隊は合わせて一五機を失った。

この日以降も十六日まで散発的に攻撃は

昭和20年3月、硫黄島攻防戦直後、攻撃七〇四飛行隊の有田学少尉機のペア。攻撃七〇四は沖縄戦でも雷撃を実施した数少ない部隊だ。

行なわれた。大本営は十六日までの戦果を「空母撃沈一九、戦艦など四五隻撃沈、敵兵力の過半を壊滅」させたと発表した。恐るべき誤報である。攻撃七〇八、七〇三は戦力のほとんどを消耗し、南九州で部隊の再建にあたったが、もはや二桁以上の機材を一度に出撃させることはできなかった。

海軍中攻隊の雷撃作戦とは何だったのか

昭和二十年三月十八日の米機動部隊の南九州空襲から始まる沖縄の攻防戦において、中攻隊は攻撃七〇四飛行隊や陸攻練習航空隊の松島空、豊橋空から選抜された出水部隊が夜間雷撃を実施したが、出撃機数は平均六機を上回ることはなく、また攻撃方法も単機によるゲリラ的な雷撃に終始した。もはや戦闘機の掩護の下、白昼堂々編隊で爆撃隊と協同して敵艦隊を攻撃するという当初の中攻隊の戦術構想を行なうことは不可能だった。

上級司令部は報告される過大な戦果に惑わされ、中攻隊を雷撃へと駆り立てていった。その無残な結果に瞑目するしかない。しかし決然と雷撃に挑んだ搭乗員たちの戦いの足跡は色褪せることはない。

あとがき

二〇〇五年、筆者は「七五一空戦友会」の皆さんと鹿児島県鹿屋市にある海上自衛隊鹿屋基地を訪ねた。基地の広報担当者が付き添い、かつての司令部庁舎や、掩体壕を見学させてもらった。その際、広報担当者が「皆さんは陸上攻撃機に乗っていらっしゃったとのことですが、陸軍に在籍されていたのですか」と何の気なしに尋ねた。その途端、戦友会の会員たちが一斉に「いや、陸上攻撃機というのは……」と口を開いたのは言うまでもない。

陸上攻撃機という機種は現在では無くなってしまっているので、若い自衛官が知らなくても無理はないかもしれない。そもそも海軍が陸上攻撃機という機種を持つこと自体、不思議なことである。海を戦場とする海軍が、なぜ陸から発進する攻撃機を持つことになったのだろうか。

日本海軍の航空兵力は、大正十（一九一二）年に発祥して以降、元来艦隊どうしの砲戦に資するために開発・育成が進められてきた。すなわち巡洋艦や戦艦に搭載される水上偵察機、空母に搭載される艦載機、そして飛行艇などである。

ところが航空機の性能の高度化は、新しい戦術、新しい機種を生み出すことになった。そのひとつが昭和七年前後から検討された陸上攻撃機の構想だ。艦隊どうしの雌雄を決する砲戦の前に、島嶼の陸上基地から発進した航空機によって、敵に打撃を与えておけば、決戦局面を有利に戦える。そのための補助兵力という考えで、陸上から発進する航空機が試作されることになった。そしてそれは後に九五式、九六式として制式採用される陸上攻撃機として結実した。海軍が陸上から発進する攻撃機を手にすることになったのだ。

とくに九六式陸上攻撃機（九六陸攻）は、速度、航続距離、運動性などいずれも世界の水準を超えた傑作機で、誕生当時万能機とまで呼ばれた。しかしこの艦隊決戦の補助兵力は、折から勃発した日中戦争（当時呼称、支那事変）に投入され、本来の目的とは異なる奥地の敵根拠地爆撃に使われることになってしまった。そしてそのことが、陸上攻撃機を誘導するための陸上偵察機や、基地防空のための陸上戦闘機（局地戦闘機）といった様々な陸上から発進する海鷲の誕生へと繋がっていくことになる。

本書は筆者がこの二〇年間ほどにわたって『航空ファン』誌や月刊『丸』などに執筆した「陸に上がった海鷲」――海軍陸上攻撃機、陸上偵察機、陸上爆撃機などに関する記事をまとめたものである。以下、簡単な解題を付す。

「もうひとつのラバウル航空隊　三澤空――七〇五空戦記」

一連の七〇五空に関する作品、「ルンガ沖航空戦に消えた『もうひとつのラバウル航空隊』」（月刊『丸』二〇一八年二月号）、「ある主計中尉の見たラバウル航空戦」（同二〇二〇年三月号）、「ラバウル――陸攻の墓場に生きて」（『航空ファン』二〇〇三年十二月号）などをベースに、今回新しく書き下ろした。七〇五空は戦後も戦友会がしっかりしており、部隊史、会報も立派なものが残されている。また多くの人たちに話を伺うことができた印象深い部隊である。

「海軍航空を震撼させた三日間」

月刊『丸』二〇一七年七月号に、渡洋爆撃八〇周年を記念して執筆した。日中戦争

——太平洋戦争と続く大戦争の口火を切った航空戦だけに、長らく興味があった。土屋誠一氏はじめ、幸いにも存命だった方たちの取材を中心にまとめることができた。

「怪鳥、大陸を飛ぶ　九五大攻戦記」

現在、九五大攻と言われて「ああ、あの飛行機か」と思い浮かべることができる読者がどれだけいるだろう。『九六陸攻戦史』を執筆する過程で集まってきた資料を基にこの知られざる巨人機のことを書いた。月刊『丸』二〇二〇年五月号に執筆。

「陸攻隊を支えた助っ人たち　海軍司偵察、陸偵戦記」

モデルアート増刊「プロフィール14」（二〇一九年六月刊）に執筆。九七司偵は陸軍と海軍で使用された珍しい機体だ。日中戦争、太平洋戦争緒戦での活躍を記録として残しておきたかった。

「九六陸攻——マレー沖、我らが最良の日」

マレー沖海戦は海軍陸攻隊にとっては数少ない成功体験だ。その記録を残したくて、ずいぶん多くの方からお話を聞かせていただいた。『航空ファン』別冊の「世界の傑作機91　九六陸攻」（二〇〇二年一月刊）に掲載された。

「ある陸攻搭乗員が見た豪州上空の空中戦　零戦vs.スピットファイアの戦い」
神雷部隊の取材で兵庫県にお住まいの鎌田直躬さんのお話を聞いたときのこと、南西方面でスピットファイアと戦火を交えたと聞き、俄然、そちらに興味がいってしまった。七五三空のことは余り知られておらず、大変貴重なお話だった。それを基に月刊『丸』二〇一九年二月号に執筆。

「アウトレンジの特攻隊　銀河『丹』作戦始末」
陸上爆撃機「銀河」は筆者の父が乗っていたこともあり、ずっと取材したいと思っていた。粉雪舞う三重県の藤井順太郎さんのお宅に取材に伺った時のことをよく覚えている。『航空ファン』別冊の「世界の傑作機スペシャルエディション1　海軍陸上爆撃機銀河」（二〇〇〇年九月刊）に掲載された。

「人間爆弾はいかに生まれ、そして潰え去ったのか　神雷部隊始末記」
月刊『丸』二〇一八年九月号に「特攻兵器の本命『桜花』部隊の死闘」というタイ

トルで掲載された。

「使い難き槍　陸攻隊、神雷部隊戦記」

「航空ファン」（二〇〇六年二月号）に掲載。八木田喜良さんにはラバウル時代の七〇二空のことから神雷部隊まで、詳細にお聞かせいただいた。陸攻部隊の視点から神雷部隊を語るという新たな視点を提供したいと考えた作品だが、その試みは読者に通じただろうか。

「オンボロ陸攻　沖縄の夜空にあり」

現在ブルー・インパルスの拠点になっている航空自衛隊矢本基地が、かつて陸上攻撃機特攻隊を出撃させた基地だと知る人は少ないだろう。突然、特攻を命じられた予備学生たちの想いに応えたいと執筆した。『航空ファン』別冊の「世界の傑作機91九六陸攻」（二〇〇二年一月刊）に掲載。

「八咫烏、沖縄の空へ　日本航空機雷戦記」

陸攻が沖縄で航空機雷を投下したと聞き、ぜひとも記録に残したいと思った。幸い防衛省の戦史研究所図書室にK２機雷の取扱い説明書が残されており、それを読み解きながら執筆した。『航空ファン』二〇〇六年十二月号に掲載。

「不発に終わった銀河最後の『烈』作戦」

「世界の傑作機スペシャルエディション１　海軍陸上爆撃機銀河」（二〇〇〇年九月刊）に掲載。

「中攻雷撃隊の栄光と落日」

海軍陸上攻撃機は魚雷によって敵艦隊を攻撃する機種として企画・立案されながら、その実績を見ていくと暗澹とした気持ちになる。月刊『丸』二〇二二年四月号に掲載。

二〇二三年三月吉日

小林　昇

主な参考文献

『戦史叢書』各巻　防衛庁防衛研修所戦史室編　朝雲新聞社
『海軍中攻史話集』　中攻会編　一九八〇
『中攻とともに戦後五十年』　中攻会編　一九九五
『続　中攻とともに戦後五十年』　中攻会編　一九九六
『第七〇五海軍航空隊史』　七〇五空会編　一九七五
『日本海軍航空史』　日本海軍航空史編纂委員会編　時事通信社　一九六九
『中攻』　巖谷二三男　原書房　一九七六
『陸攻と銀河』　伊沢保穂　朝日ソノラマ　一九九五
『空の彼方　海軍基地航空部隊要覧』　渡辺博史編　二〇〇九
『海鷲の航跡』　海空会編　原書房　一九八二
『海軍空技廠』　碇義朗　光人社　一九八九
『異なる爆音』　渡辺洋二　光人社NF文庫　二〇一二

『海軍零戦隊撃墜戦記1』梅本弘　大日本絵画　二〇一一
『スピットファイアMk.Vのエース』アルフレッド・プライス　大日本絵画　二〇〇三
『零戦最後の証言』神立尚紀　光人社　一九九九
『機密兵器の全貌』藤原右近ほか　原書房　一九七六
『海軍神雷部隊』海軍神雷部隊戦友会編　一九九六
『松島・豊橋海軍航空隊戦記　鎮魂と回想』慰霊世話人会編　一九九四

取材協力・中攻会、七〇五空会、神雷部隊戦友会

NF文庫

海軍陸攻・陸爆・陸偵戦記
二〇二三年五月二十一日　第一刷発行
著　者　小林　昇
発行者　皆川豪志
発行所　株式会社　潮書房光人新社
〒100-8077　東京都千代田区大手町一-七-二
電話／〇三-六二八一-九八九一代
印刷・製本　凸版印刷株式会社
定価はカバーに表示してあります
乱丁・落丁のものはお取りかえ致します。本文は中性紙を使用
ISBN978-4-7698-3309-3　C0195
http://www.kojinsha.co.jp

NF文庫

刊行のことば

第二次世界大戦の戦火が熄《や》んで五〇年――その間、小社は夥しい数の戦争の記録を渉猟し、発掘し、常に公正なる立場を貫いて書誌とし、大方の絶讃を博して今日に及ぶが、その源は、散華された世代への熱き思い入れであり、同時に、その記録を誌して平和の礎とし、後世に伝えんとするにある。

小社の出版物は、戦記、伝記、文学、エッセイ、写真集、その他、すでに一、〇〇〇点を越え、加えて戦後五〇年になんなんとするを契機として、「光人社NF（ノンフィクション）文庫」を創刊して、読者諸賢の熱烈要望におこたえする次第である。人生のバイブルとして、心弱きときの活性の糧《かて》として、散華の世代からの感動の肉声に、あなたもぜひ、耳を傾けて下さい。